〈养儿必读〉

儿童食品安全全书：
生鲜食品篇

曲东◎主编

首都儿科研究所 主任医师

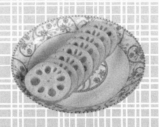

新时代出版社

New Times Press

图书在版编目（CIP）数据

儿童食品安全全书．生鲜食品篇 / 刘晶晶编著．——

北京 ：新时代出版社，2014.6

（养儿必读）

ISBN 978-7-5042-2181-0

Ⅰ．①儿… Ⅱ．①刘… Ⅲ．①儿童食品－食品安全

Ⅳ．①TS201.6

中国版本图书馆CIP数据核字(2014)第128474号

新时代出版社 出版发行

（北京市海淀区紫竹院南路23号　邮政编码100048）

北京嘉恒彩色印刷有限公司印刷

新华书店经售

*

开本 710×1000　1/16　印张13　字数 220千字

2014年6月第1版第1次印刷　印数 1—5000册　定价 32.00元

（本书如有印装错误，我社负责调换）

国防书店：　(010) 88540777　　发行邮购：　(010) 88540776

发行传真：　(010) 88540755　　发行业务：　(010) 88540717

前言

Foreword

　　本套书涵盖婴幼儿成长发育中必不可少的：儿童食品安全全书：生鲜食品篇、儿童食品安全全书：加工食品篇、儿童食疗方：儿童保健饮食疗法、儿童食疗方：儿童常见病饮食疗法、儿童按摩法：儿童保健抚触、按摩手法、儿童按摩法：儿童常见病抚触、按摩手法。

　　儿童食品安全已经越来越得到家长们的重视。让孩子度过一个快乐的童年，不是单纯地给孩子提供优越的物质条件就可以满足的了，更不是简单地满足口腹之欲，而是要让我们亲爱的孩子健健康康地度过每一天。当然也有很多家长缺乏儿童食品安全知识，盲目购买食品，盲目相信各种营养补充剂，在不知不觉中损害了孩子的身心健康。所以，儿童食品安全常识学习与普及迫在眉睫。

儿童食疗是在中医理论和现代营养学理论的基础上，同时结合儿童生长发育生理特点和小儿疾病特点而制定的。中医认为，宝宝是发育未成熟的机体，必须加以调理。这就是指宝宝要科学喂养，在营养素质方面都要合理、适当。做到无病不吃药，有病不乱吃药。利用食物的特殊作用，使宝宝健康地生长发育，同时达到预防和治疗某些疾病的目的，让食疗知识在家庭生活中充分发挥作用，指导父母将宝宝抚育得更加聪明、活泼、健康。

　　婴幼儿按摩就是根据婴幼儿生理病理特点，在其体表特定的穴位或部位进行按摩来达到防病、治病的目的的一种"绿色"疗法，它能让宝宝在少吃药或者不吃药的情况下快速恢复健康。同时，它不仅可以缓解宝宝病情，还能从根本上调理宝宝的气血、疏通经络，提高宝宝各项机能，它除了可以有效养护宝宝的皮肤、五官、脏腑，避免和减少在生长发育过程中受到损害外，还具有增强体质和提高抗病能力的双重作用。这种祛病与保健方法对 0 ~ 6 岁的宝宝来说，效果尤为明显。此外，按摩还能增进父母和孩子的感情交流，在按摩时，通过双手将浓浓的爱意传递给孩子，这是最好的情感沟通方式，对宝宝的身心发展非常有益。

　　全套书内容系统化地呈现在读者面前，让读者能轻松掌握养育孩子的重点，增加养育孩子的乐趣，使父母能够用最科学的方式去培养、教育孩子，让孩子快乐、健康、聪明、优秀的成长。让我们共同努力，从宝宝出生的第一天开始，成就宝宝将来的美好！

目录

第三章 生鲜食品选购与处理指南······111

第一章
食品添加剂有哪些

　　为了提升卖相、延长保存、使食物更可口或是增加变化性，食品添加剂几乎存在于我们每天所食用的食物中，了解食品添加剂的用途与使用规定对于吃的健康是很重要的。除了法规规定的食品添加剂，又有哪些非法的食品添加剂可能会被滥用在食物之中？因人为因素或是环境污染所造成的污染残留物又有哪些？

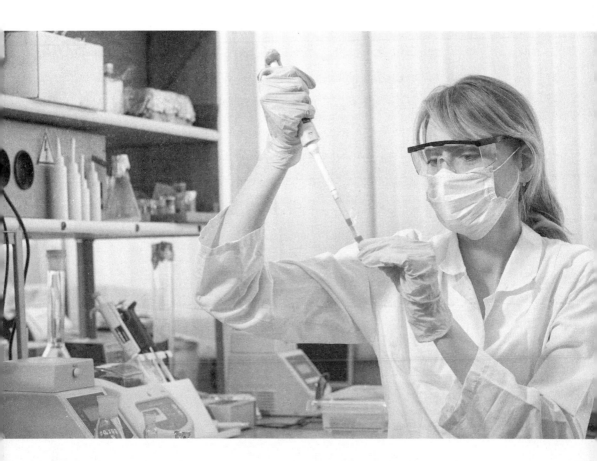

第一节
常见的食品添加剂

食品添加剂并非"食品"，基于对消费者的安全考量以及食品制造及保存的必要，对食品添加剂的成分规格、保存条件、制造条件、使用范围与用量等都应有所规定，从而避免滥用的危害。目前批准使用并依用途公布的食品添加剂共有 17 类，所允许的最高添加量是经过动物试验（毒性试验）制定出来的。国际上对于部分有安全使用剂量问题的物质，制定出人体每日最高摄入量，也就是每人每日连续摄取但还不至于发生危险的一日食用量。

食品添加剂类别一：防腐剂

在很多人看来，防腐剂会损害人体健康，大家的看法就是，防腐剂能不加最好不要加，但事实是，食物加了防腐剂不一定会中毒，而不加防腐剂的食物很容易中毒，这到底是怎么一回事呢？很多人认为防腐剂是有毒的，所以才会对人体造成伤害，那么防腐剂到底有没有毒呢？答案是肯定的。那有人就会问了，既然它是有毒的，为什么还会让那些生产厂家将其用于食品生产呢？这看起来是有悖常理的做法，但食品加工却需要防腐剂的参与。

〈己二烯酸类〉

常见种类

己二烯酸（山梨酸、花椒酸）、己二烯酸钾（山梨酸钾）、己二烯酸钠（山梨酸钠）、己二烯酸钙（山梨酸钙）。

被使用于哪些食品

鱼肉制品（如鱼丸、鱼香肠）、肉制品、豆制品（如豆皮、豆干）、调味料（如酱油、辣椒酱）、鱼贝类干制品、海藻酱类（如酱菜）、乳制品（如奶酪、奶油、人造奶油）、糖渍果实类、腌制蔬菜、脱水水果、糕点、果酱、饮料。

使用目的

防止食物变质，抑制霉菌、酵母菌生长。

1. 延长食品储藏时间。

2. 增加食品品质的稳定性。

使用规定

无论使用己二烯酸、己二烯酸钾、己二烯酸钠还是己二烯酸钙，在加工过程中，最后皆会产生己二烯酸，因此在此类添加剂的用量规定上便以己二烯酸的残留量作为检测的依据。罐头一律禁止使用，若因原料加工或制造技术关系，必须加入防腐剂者，应事先向有关卫生部门申请，批准后方能使用。

食用过量对人体的影响

1. 根据世界卫生组织的建议，己二烯酸类每日最高摄入量为每人每千克体重 25 毫克。

2. 毒性低，在人体正常的新陈代谢下，大部分会以二氧化碳或水的形式排出体外。

3. 食用过量己二烯酸，免疫系统不健全的人会引发过敏、气喘，肝肾功能不佳者则会造成代谢损伤。

4. 属于一般公认安全物质。

对人体的危害

低毒（己二烯酸钾对人体的危害较高）。

〈苯甲酸类〉

常见种类

苯甲酸（安息香酸、苄酸）、苯甲酸钾、苯甲酸钠。

被使用于哪些食品

鱼肉制品（如鱼丸、甜不辣、鱼香肠）、肉制品、豆制品（如豆皮、豆干）、调味料（如酱油、辣椒酱）、鱼贝类干制品、海藻酱类（如酱菜）、乳制品（如奶酪、奶油、人造奶油）、糖渍果实类、腌制蔬菜、脱水水果、糕点、果酱、饮料。

使用目的

防止食物变质，抑制细菌、酵母菌生长。

1. 延长食品储藏时间。

2. 增加食品品质的稳定性。

3. 价格便宜，且易溶解于食品中。

其他用途

皮肤疾病用药、合成纤维、树脂、橡胶、涂料、牙膏、染色剂。

使用规定

使用苯甲酸、苯甲酸钾以及苯甲酸钠，在加工过程中，最后皆会产生苯甲酸，因此此类添加剂的用量便以苯甲酸的残留量作为检测的依据。

1. 用于鱼肉制品、肉制品、海胆、鱼子酱、花生酱、奶酪、糖渍果实类、脱水水果、萝卜干、煮熟豆、海藻酱类、腐乳、糕点、酱油、果酱、果汁、奶酪、奶油、人造奶油、番茄酱、辣椒酱、浓糖果浆、调味糖浆及其他调味酱。

2. 用于鱼贝类干制品、碳酸饮料、非碳酸饮料、酱菜类、豆制品类、腌制蔬菜，苯甲酸的检测值必须在 0.6g/kg 以下。

3. 罐头一律禁止使用，若因原料加工或制造技术关系，必须加入防腐剂者，应事先申请有关卫生部门批准后，才能使用。使用温度不宜太高，容易挥发。

※ 苯甲酸钾在日本禁止使用。

食用过量对人体的影响

1. 根据世界卫生组织的建议，苯甲酸类每日的安全摄入量为每人每千克体重 5 毫克。

2. 可与人体内的甘胺酸作用后形成苯甲醯甘胺酸（马尿酸），大部分以尿液形式排出体外。

3. 过量食入易引起流口水、腹泻、腹痛、心跳加快等反应。

4. 长期食用可能导致过敏以及累积中毒的现象。

5. 在符合规范使用下可视为一般公认的安全物质。

6. 苯甲酸钠可能影响孩子食欲，家长应注意零食成分，而孕妇宜避免食用。

7. 苯甲酸钠会与维生素 C 在酸性环境并且长时间作用下，进行化学反应而产生苯。目前世界各国皆无饮料中有关苯的限量规定，只有对饮用水有规定苯的限量，而常喝的碳酸饮料都以苯甲酸钠当做防腐剂。

对人体的危害

低毒（苯甲酸钾及苯甲酸钠危险性较高）。

〈 对羟苯甲酸类 〉

常见种类

对羟苯甲酸乙酯（尼泊尔金乙酯）、对羟苯甲酸丙酯（尼泊尔金丙酯）、对羟苯甲酸丁酯、对羟苯甲酸异丙酯、对羟苯甲酸异丁酯。

被使用于哪些食品

豆制品类（如豆皮、豆干）、调味料（如酱油、辣椒酱、醋）、非碳酸饮料、鲜果、果菜外皮。

使用目的

防止食物变质，抑制酵母菌、霉菌以及细菌生长。

1. 延长食品储藏时间。

2. 增加食品品质的稳定性。

3. 不易受食品酸碱值的变化而影响其防腐效果。

其他用途

化妆品、保养品、化工材料。

使用规定

使用对羟苯甲酸乙酯、对羟苯甲酸丙酯、对羟苯甲酸丁酯等对羟苯甲酸类防腐剂，在加工过程中，最后皆会产生对羟苯甲酸，因此，此类防腐剂的用量便以对羟苯甲酸的残留量作为检测的依据。

罐头一律禁止使用，若因原料加工或制造技术关系，必须加入防腐剂者，应事先申请有关卫生部门批准后，才能使用。使用温度不宜太高，容易挥发。

食用过量对人体的影响

1. 根据世界卫生组织的建议，对羟苯甲酸类每日的安全摄入量为每人每千克体重 10 毫克。

2. 毒性低，可在人体中被水解、代谢、排出。

3. 胃酸过多者不宜食用过多。

4. 若使用过量，会影响食物风味。

对人体的危害

低毒。

〈丙酸类〉

常见种类

丙酸、丙酸钙、丙酸钠。

被使用于哪些食品

烘焙食品、糕点、面包。

使用目的

防止食物变质，抑制霉菌生长。

1. 延长食品储藏时间。

2. 增加食品品质的稳定性。

3. 价格便宜且储存稳定性高，为低成本的防腐剂之一。

4. 食用起来会有奶酪味。

其他用途

除草剂、乳化剂、镀镍溶液、人工水果香料、制药原料、丙酸纤维素塑胶。

使用规定

使用丙酸、丙酸钙、丙酸钠，在加工过程中，最后皆会产生丙酸，因此此类防腐剂的用量便以丙酸的残留量作为检测的依据。

罐头一律禁止使用，若因原料加工或制造技术关系，必须加入防腐剂者，应事先申请有关卫生部门批准后，才能使用。使用温度不宜太高，容易挥发。

食用过量对人体的影响

1. 若依上述规定使用丙酸类防腐剂，不致于危害人体，且丙酸类本身带有特殊气味，使用过量很容易察觉而不易误食。目前世界卫生组织对于丙酸类防腐剂每日的安全摄入量尚无相关规定。

2. 浓度过高、过量可能会导致喉咙痛、腹泻、恶心、呕吐。

对人体的危害

低毒。

〈 醋酸类 〉

常见种类

去水醋酸、去水醋酸钠。

被使用于哪些食品

奶酪、奶酪、奶油及人造奶油。

使用目的

防止食物变质，抑制细菌、酵母菌生长。

1. 延长食品储藏时间。

2. 增加食品品质的稳定性。

3. 为广效性防腐剂，但易受食品酸碱值的变化而影响防腐效果。

4. 使用后可使产品蓬松。

其他用途

杀菌剂、暖水袋、医药、印染媒染剂、缓冲剂、化学试剂、鞣革等。

使用规定

使用去水醋酸、去水醋酸钠，在加工过程中，最后皆会产生去水醋酸，因此此类防腐剂的用量便以去水醋酸的残留量作为检测的依据。

罐头一律禁止使用，若因原料加工或制造技术关系，必须加入防腐剂者，应事先申请有关卫生部门批准后，才可使用。

※ 常出现在未经允许使用的食品中，如面制品。

※ 日本禁止使用去水醋酸。

食用过量对人体的影响

1. 目前世界卫生组织对于醋酸类每日的安全摄入量尚无相关规定。

2. 符合规定使用量下，可在人体中被水解、代谢、排出。但去水醋酸会与血浆的白蛋白或组织中蛋白质的氨基结合，因此长期食用可能会危害人体的肝、肾及神经系统。

对人体的危害

低毒。

食品添加剂类别二：杀菌剂

食品变质的主要原因来自于微生物，而使用杀菌剂可杀死食品中的微生物。食品上使用的杀菌剂均为强氧化型，利用其氧化作用达到快速杀菌的目的。由于杀菌剂的反应力极强，因而有腐蚀皮肤及衣物的能力，高浓度时更可能发生易燃或产生毒性气体。食品生产者若使用杀菌剂不当，可能使杀菌剂残留于食品中，或影响食品的颜色、风味、质地及营养成分。

〈氯系杀菌剂〉

常见种类

氯化石灰（漂白粉、次氯酸钙）、次氯酸钠液、二氧化氯。

被使用于哪些食品

饮用水及食品用水的消毒。

使用目的

杀菌及漂白。

氯系杀菌剂具有强氧化能力，杀菌及漂白效果强，常添加于可饮用的自来水、市售包装水等饮用水中，或是清洗蔬果、餐具器皿、供罐头食品使用的食品用水之中。

使用规定

使用于饮用水及食品用水。

食用过量对人体的影响

1. 饮用水中氯含量过高则容易有氯臭味。

2. 过量的氯易灼伤口腔及消化系统，会引起胃痛、呕吐、呼吸困难、精神错乱、昏睡等病症。

3. 水若已被有机物污染，加入氯，则氯容易与有机物结合，产生致癌物质。

对人体的危害

低毒。

〈过氧化氢（双氧水）〉

被使用于哪些食品

鱼肉制品（如鱼丸、甜不辣、鱼香肠）、除面粉及其制品以外的其他食品。

使用目的

杀菌及漂白。过氧化氢为无色透明液体，具有强烈氧化还原作用，与空气、水作用或高温时，会分解成水及氧气，使用后不残留。

其他用途

1. 低浓度过氧化氢（3%），可用于杀菌及医疗用途，如口腔及阴道灌洗、灌肠、伤口消毒、头发漂白等。

2. 高浓度过氧化氢（大于 10%），用于纺织品、皮革、纸张、木材制造工业，作为漂白及去味剂。

使用规定

食品中不得残留过氧化氢。

食用过量对人体的影响

1. 食品中若残留 3% 浓度的过氧化氢，食入会有恶心、呕吐、腹胀、腹泻等不适。

2. 浓度 35% 以上的过氧化氢可能产生腐蚀性伤害及死亡。

对人体的危害

低毒。

食品添加剂类别三：抗氧化剂

食品抗氧化剂能阻止或延缓食品氧化变质，提高食品稳定性和延长贮存期。食品氧化主要是食品中的油脂变质，同时会有褪色、变色和维生素受到破坏等情况，如此一来，食品的品质就会下降，更重要的是，这样的食物还可能会引起中毒。抗氧化剂是生命体对抗氧化的一种重要物质，所以，暴露在氧气中的生物体内都会有抗氧化剂的存在，人体就自身可以合成的抗氧化剂。要想防止食品被氧化，一种是用真空隔绝，一种就是使用抗氧化剂。

〈 天然抗氧化剂 〉

常见种类

L– 抗坏血酸（维生素 C）、生育酚（维生素 E）。

被使用于哪些食品

维生素 E 常用于油脂类的产品中（如沙拉油、奶油），而维生素 C 则常用于水及果汁等液体食品（如果汁、碳酸饮料）。

使用目的

延长保存期限，延长食品货架期，强化营养价值。

1.在油脂、鱼类和奶制品中添加抗氧化剂,可防止脂质氧化,延长保存期限。

2.添加于含有亚硝酸盐类物质的食品中，可减少致癌物产生。

3.防止蔬菜、水果接触空气变色。

4.强化营养价值。

其他用途

1.作为养生保健的营养品。

2.帮助人体对抗自田基，防止老化。

使用规定

可使用于各类食品。

食用过量对人体的影响

1.维生素 C 为水溶性维生素，一般建议每人每日摄入量不超过 2000mg，过量食用可能造成腹泻，但多喝水可帮助排出多余的维生素 C,并无严重危害。

2.维生素 E 为脂溶性维生素，人体排除的速度较慢，一般建议每人每日摄入量不超过 1000mg，过量摄入易蓄积于体内，轻者造成头晕、恶心、疲劳等症状,严重过量则有诱发癌症的风险,但一般在食品中的添加剂量安全无虑。

对人体的危害

无毒。

〈 化学抗氧化剂 〉

常见种类

丁基羟基甲苯、二丁基羟基甲苯。

被使用于哪些食品

冷冻鱼贝类之腌制液、口香糖、泡泡糖、油脂、奶酪、奶油、鱼贝类干制品（如

11

鱿鱼丝、鱿鱼干、鱼皮）及土豆颗粒、脱水土豆片、脱水红薯片、干燥谷类早餐（如玉米片、麦片）。

使用目的
延长保存期限。

1. 防止油脂经氧化而酸败。

2. 减缓维生素 A、维生素 E、胡萝卜素的氧化速度。

3. 延长食品保存期限。

其他用途
丁基羟基甲苯、二丁基羟基甲苯现常用于防止化妆品及中药材中的脂肪氧化和酸败。

食用过量对人体的影响
1. 丁基羟基甲苯在人体中大部分可由尿液排出，一般建议每人每千克体重的每日最高摄入量为 0.5 毫克，过量易对肝脏、肾脏及肠胃道有伤害。

2. 二丁基羟基甲苯较丁基羟基甲苯毒性稍高，但在人体中大部分可由尿液排出，对动物有致癌性，对人体则尚未证实。

对人体的危害
低毒。

〈化学抗氧化剂〉

常见种类
亚硫酸钾、亚硫酸钠、亚硫酸氢钠、低亚硫酸钠、偏亚硫酸氢钾、亚硫酸氢钾、偏亚硫酸氢钠等亚硫酸盐类。

被使用于哪些食品
广泛用于脱水蔬菜、脱水水果、动物胶、糖蜜、糖饴、水果酒、淀粉、糖渍果实、虾类及贝类等。

使用目的

预防细菌滋生、防止食物褐变。

1. 防止或减缓包装好的水果及蔬菜产品变色，如干苹果、去水土豆、加工水果或蔬菜汁等。

2. 制酒过程中，防止细菌生长，使酵母顺利发酵。

其他用途

漂白、防腐。

使用规定

使用亚硫酸钾、亚硫酸钠、亚硫酸氢钠等亚硫酸盐类的抗氧化剂，在加工过程中，最后皆会产生二氧化硫（SO_2），因此此类漂白剂以二氧化硫的残留量作为检测的依据。

食用过量对人体的影响

1. 亚硫酸盐的每日最高摄入量为每人每千克体重的 0.7 毫克，也就是体重 50 千克的人，摄入量不宜超过 35 毫克。

2. 过敏性体质的人，比如气喘患者，对于极微量的二氧化硫残留可能就会有过敏反应。我国无特别标示规范，仅规定被使用于哪些食品种类及剂量，若超过出使用规定者，皆属非法。

对人体的危害

低毒。

食品添加剂类别四：漂白剂

漂白剂可以去除或防止食品产生不良颜色，给予食品清洁、卫生的视觉感受。漂白剂主要为八种亚硫酸盐类及氧化型的过氧化苯甲酰，其他使用于食品上的氧化型漂白剂，如氯系杀菌剂、过氧化氢，并不在此规范中，因为氧化型漂白剂也兼具杀菌功能，因此被归类为杀菌剂。

〈 还原性漂白剂 〉

常见种类

亚硫酸钾、亚硫酸钠、亚硫酸氢钠、低亚硫酸钠、偏亚硫酸氢钾、亚硫酸氢钾、偏亚硫酸氢钠等亚硫酸盐类。

被使用于哪些食品

除了饮料（不包括果汁）、面粉及其制品（不包括烘焙食品）外，皆可使用。

使用目的

漂白。将食品具有的色素或发色物质脱色，使之成为淡色或无色；抑制食品褐变或其他颜色变化的发生。

其他用途

抑制食品细菌生长、降低食品酸碱值（PH 值）。

使用规定

使用亚硫酸钾、亚硫酸钠、亚硫酸氢钠等亚硫酸盐类的漂白剂，在加工过程中，最后皆会产生二氧化硫（SO_2），因此此类漂白剂以二氧化硫的残留量作为检测的依据。

食用过量对人体的影响

亚硫酸盐的每日最高摄入量为每人每千克体重 0.7 毫克。

对人体的危害

低毒。

〈 过氧化苯甲酰 〉

被使用于哪些食品

乳清、奶酪之加工。

使用目的

漂白。利用氧化作用将食品中的色素氧化褪色成无色物质，作用效果较还原性漂白剂永久。

※ 使用在其他食品中的目的：作为面粉上的品质改良剂。

其他用途

皮肤科使用的抗菌剂。

使用规定

1. 在乳清中添加视实际需要适量使用。

2. 用在奶酪加工时，用量以牛奶重量计算，为 20mg/kg 以下。

3. 用于面粉品质改良剂时，用量为 60mg/kg 以下。

※ 若用子面粉品质改良剂，过氧化苯甲酰会被还原成苯甲酸而残留于面条中，因此，欧洲及日本严格限制它使用于儿童食品。

食用过量对人体的影响

1. 过氧化苯甲酰的每日最高摄入量为每人每千克体重的 40 毫克。

2. 食用过量，会造成腹痛、恶心、呕吐，长期食用会导致皮肤过敏。

对人体的危害

低毒。

食品添加剂类别五：保色剂

保色剂本身并不具任何颜色，添加于食品中可以改善、增进或保持食品的色泽，以及增加食品的特殊风味，比如腊肉、香肠等肉制品就会添加保色剂，使产品保持鲜红色泽，看起来更美味可口，因而提高消费者对食品外观的接受度。

〈 硝酸盐、亚硝酸盐 〉

常见种类

1. 硝酸盐类：硝酸钾、硝酸钠。

2. 亚硝酸盐类：亚硝酸钾、亚硝酸钠。

被使用于哪些食品

肉制品（如腊肠、肉丸、罐头肉类、腊肉、香肠、培根、热狗、火腿片、板鸭、烤鸭、酱鸭）、鱼肉制品（如鱼干、腌鱼、鲑鱼及卵制品、鳕鱼卵制品）。

使用目的

增进食品外观色泽及预防食物中毒。

1. 硝酸盐会经硝化细菌作用成为亚硝酸盐，而亚硝酸盐添加于食品中会产生一氧化氮，能与肉类食品中的肌肉蛋白结合，产生稳定性高且美观的鲜红色泽，提高食品的经济价值。

2. 可抑制肉类食品中肉毒杆菌的繁殖及毒素的分泌，预防食物中毒。

其他用途

1. 作为评估水质好坏的检测物质：水中的含氮废物（氨）会经硝化细菌分解产生硝酸盐及亚硝酸盐，可通过检测水中亚硝酸盐的含量来得知含氮废物的含量，进而评估水质的好坏。

2. 工业上主要应用于金属电镀，如镀金、镀银、镀铜。

使用规定

使用硝酸钾、硝酸钠、亚硝酸钾、亚硝酸钠，在加工过程中皆会产生二氧化氮（NO_2），因此本类保色剂以二氧化氮的残留量作为检测的依据。生鲜肉类及鱼肉类不可使用。

※ 欧盟建议亚硝酸盐不得用于婴儿食品。

食用过量对人体的影响

1. 硝酸盐毒性较亚硝酸盐低，硝酸盐与亚硝酸盐每日最高摄入量分别为每人每千克体重 3.7 毫克及 0.06 毫克。

2. 亚硝酸盐过量，易与肉中蛋白质分解物二级胺结合产生亚硝胺，对人体的危害很大，包括：

a. 致突变性：使得基因突变，或导致孕妇生下畸形儿。

b. 肝毒性：引起肝急性中毒。

c. 致癌性：诱发肝、食道、呼吸道、胃、肠等器官病变，形成癌症。

※ 由于硝酸盐会转化成亚硝酸盐，因此食用过量对人体的影响相同。

对人体的危害

中毒。

食品添加剂类别六：膨胀剂

膨胀剂具有产生气体的特性，在制作面包及糕点等食品时添加膨胀剂，可缩短发酵的时间，达到膨发的效果，从而增进食品柔软性。现在人们吃那些加工过的食品经常会有这样的感觉，食品看起来很多，但是吃完之后却感觉不到饱，所以很多人会觉得自己的食量有所增加，但事实上这是因为很多食品中使用了蓬松剂的缘故。蓬松剂这种添加剂主要的功能就是让那些食品的体积膨胀，但其实这并不是商家所采用的比较高明的"欺骗"手段，因为使用蓬松剂并不仅仅只有让食品的体积增大这个功能。如果大家了解了蓬松剂的其他功效，就不会对它有意见了。

〈碳酸氢钠（小苏打、苏打粉）〉

被使用于哪些食品

面包、煎饼、饼干。

使用目的

增加食品体积、柔软性及可消化性。

碳酸氢钠可与酸性物质（如柠檬酸、酒石酸氢钾）混合成合成膨胀剂，因此可作为合成膨胀剂原料的碱剂。添加目的为：

1. 碳酸氢钠加热或与酸性物质作用会产生二氧化碳，用于烘焙食品，如蛋糕，可使其体积增大。

2. 二氧化碳使食品产生多孔性，食品组织变得柔软，容易入口消化。

其他用途

1. 碳酸氢钠有弱碱性，胃酸过多时，服用含有碳酸氢钠的药剂中和胃酸，可以减轻不适症状。

2. 可用来泡澡、美白，加在沐浴乳中可当磨砂膏去角质。

3. 可用来洗衣服、洗马桶，有漂白及去除臭味的效果。

4. 可擦拭锅、碗盘、厨房泛黄的污渍。

食用过量对人体的影响

1. 由于在食品中碳酸氢钠的一般使用量对人体无害，目前世界卫生组织对于碳酸氢钠每日最高摄入量尚无相关规定。

2. 长期食用会有尿急、尿频、头痛、食欲不振以及恶心、呕吐等碱中毒症状。

3. 过量使用，西点食品会有碱味，而且碳酸氢钠会与油脂结合产生肥皂味，影响西点的风味与品质，食用后会有心悸、嘴唇发麻暂时失去味觉等症状。

对人体的危害

中毒。

〈 碳酸铵、碳酸氢铵 〉

被使用于哪些食品

烘烤面包、油条、姜饼类等食品。

使用目的

增进食品体积、柔软性及消化性。

可单独使用作为膨胀剂，通常会与碳酸氢钠混合使用，也可以与酸性物质（如柠檬酸、酒石酸氢钾）混合成合成膨胀剂，作为合成膨胀剂中的碱剂。添加目的为：

1. 碳酸铵、碳酸氢铵加热后会分解成二氧化碳、氨气和水，可以使食品体积增大。

2. 碳酸铵、碳酸氢铵可使食品组织柔软而蓬松，易于入口消化。

其他用途

1.碳酸氢铵常当做化肥使用，成分中含有氮，可作为植物生长时制造蛋白质的来源。

2.碳酸氢铵在工业上可应用于制药、电镀、制革等化工业。

使用规定

1.各类食品中视实际需要适量使用。使用量约为原料使用总量的2% ~ 3%。

2.碳酸氢铵分解温度较碳酸铵高，适合用于加工温度较高的面团（如油条、油饼）中使用。

食用过量对人体的影响

1.由于碳酸铵及碳酸氢铵产生的氨气，少量摄食对人体无害，目前世界卫生组织对于碳酸铵及碳酸氢铵每日最高摄入量尚无相关规定，但食物中若有闻到氨气味道则代表已过量。

2.长期食用或摄取过量的碳酸氢铵会破坏呼吸系统。

3.碳酸氢铵在身体积存过量会转化成致癌物质，增加人体患癌的风险。

对人体的危害

无毒。

〈钾明矾（明矾、钾矾、钾铝矾）〉

被使用于哪些食品

炸虾片、膨发食品（如米果、饼干、玉米或土豆点心）、油条、炸油饼、粉丝、米粉等食品。

使用目的

增进食品体积、柔软性及消化性。

通常作为合成膨胀剂中的酸剂，与碳酸氢钠等碱剂混合使用，可促使碳酸氢钠产生更多的二氧化碳，使食品体积增大，产生多孔性，使组织柔软及容易入口消化。

※ 使用在其他食品目的：

① 可增加青菜及腌制食物的脆度。

② 使用 1% ~ 2% 的钾明矾溶液，可防止芋头颜色变深（黑变）。

其他用途

1. 中医上可用于治疗高脂血症、十二指肠溃疡、肺结核咯血等疾病。

2. 明矾可作为净水剂，让泥沙聚集沉淀使水变清澈。

3. 可用于制备铝盐、油漆、鞣料、媒染剂、造纸、防水剂等。

使用规定

各类食品中视实际需要适量使用。如 1 千克的炸油饼中，钾明矾使用量上限为 1 克，也就是钾明矾的添加量在 1g/kg 以下是安全的。

食用过量对人体的影响

1. 由于在食品级的使用范围内对人体无害，目前世界卫生组织对丁钾明矾每日最高摄入量尚无相关规定。

2. 钾明矾含有铝，我国规定铝的每日最高摄入量为每人每千克体重 1 毫克。

3. 过量摄入钾明矾，成分中的铝会减少人体对钙及铁的吸收，导致骨质疏松及贫血，甚至会导致痴呆症及影响神经细胞的发育。

对人体的危害：

无毒。

食品添加剂类别七：食品品质改良剂

部分可改良加工食品的品质，有帮助酿造与改善食品制造过程的功能，而被统称为食品品质改良剂，可适量添加于食品中以辅助食品生产、加工过程，或用以改良食品品质、香味、颜色、外观，或增加消费者食用的方便性等。

〈 乳酸硬脂酸钠 〉

被使用于哪些食品

广泛使用于烘焙食品，如面包、蛋糕。

使用目的

增进食品弹性及体积稳定性。

1. 可减少面团搅拌的时间及增加面筋的筋道。

2. 增加面团烤焙的弹性。

3. 改善面筋结构，防止面团老化变硬。

4. 增加面团的保气性，使产品体积安定。

※ 使用在其他食品的目的：

① 可作为乳化剂使用。在肉类食品加工中，如香肠、灌肠、火腿肠、午餐肉中,加入乳酸硬脂酸钠可使配料充分乳化,防止脂肪分离,使成分均匀混合。

② 可用于果酱、番茄酱、甜面酱、芝麻酱、蛋黄酱、花生酱、调味汁等食品中，稳定乳化品质。

其他用途

应用于化妆品中，防止油水分离以稳定产品品质。

使用规定

限于食品制造或加工必需时使用，可使用于各类食品中，添加用量为 5g/kg 以下，如制作面包使用 1 千克面团，乳酸硬脂酸钠添加量需在 5 克以下。

食用过量对人体的影响

乳酸硬脂酸钠是一种安全无害、性能优良、应用广泛的食用乳化剂，目前世界卫生组织对于此类添加剂每日最高摄入量尚无相关规定。

对人体的危害：

低毒。

〈 氯化钙 〉

被使用于哪些食品

酿造类食品、泡菜、奶酪、水果罐头制品、豆制品（如豆腐及豆花）。

使用目的

帮助食品凝固、促进发酵及改善酿造食品品质。

1. 制作奶酪时添加氯化钙，当中的钙可帮助牛乳中的酪蛋白凝固成奶酪。

2. 当做助发酵剂使用，促进酿造食品发酵。

3. 酿造酱菜及腌制蔬菜时添加氯化钙可增加产品的脆度。

※ 使用在其他食品的目的：

① 用于防止小麦、苹果、白菜等腐烂（作为食品防腐剂）。

② 蔬菜干燥保鲜（作为干燥剂）。

使用规定

限于食品制造或加工必需时使用，可使用于各类食品，由于其主成分为钙，因此氯化钙用量以钙（Ca）含量计算，其添加量为10g/kg以下，也就是使用1千克的原料，添加量约为10克。若作为钙补充的特殊营养食品不在上述限制内，但添加过量会造成苦涩味。

食用过量对人体的影响

1. 于食品级的使用范围内对人体无害，因此世界卫生组织对于氯化钙每日最高摄入量尚无相关规定。

2. 长期食用会刺激口中黏膜、咽喉、食道以及胃肠道。

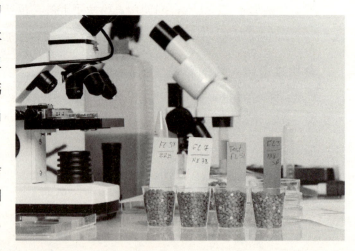

对人体的危害

低毒。

〈二氧化矽（石英）〉

被使用于哪些食品

奶酪、奶粉、奶油粉、蛋粉、可可粉、奶精、速溶咖啡、谷类婴儿食品等。

使用目的

消泡、减少结块及帮助澄清。

1. 二氧化矽可作为食品的消泡剂，因为在食品发酵、豆类加工过程中，这类制品易产生大量泡沫，使用消泡剂可降低液体的表面张力，消除泡沫。

2. 用在合成膨胀剂、食盐、干燥粉末食品中可防止粉末凝结及结块。

3. 可使醋或清凉饮料的液体澄清。

其他用途

1. 制造玻璃、瓷器的重要原料。

2. 为半导体和太阳能板应用中的主要原料。

3. 可应用于废水处理。

使用规定

限于食品制造或加工必需时使用，可使用于各类食品，用量比例为2.0%以下。

食用过量对人体的影响

1. 经毒性试验，结果发现食入二氧化矽对人体无危害。美国食品药物管理局认定二氧化矽为公认安全物质，可用于食品，因此世界卫生组织对于二氧化矽每日最高摄入量尚无相关规定。

2. 吸入二氧化矽粉尘，会给人体呼吸系统造成伤害，产生矽肺病，而且会导致癌症。

对人体的危害

无毒。

食品添加剂类别八：营养强化剂

　　人为了健康，就需要吸收营养，但有些食物中的营养却不能被人体有效吸收。所以，营养强化剂就发挥了应有的作用。不过，营养强化剂虽好，但若是使用不当，使用营养强化剂还可能会带来新的问题。

　　食品营养强化剂是指为增强营养成分而加入食品中的天然的或人工合成的属于天然营养素范围的食品添加剂，它能提高食品的营养质量，还能提高食品的感官质量，改善其贮藏性能。营养增强剂为提高人们营养水平发挥了很重要的作用，可是食品安全一直是不容忽视的问题，营养强化剂的使用也要更加规范。

〈维生素 D〉

被使用于哪些食品

乳品、奶油、婴儿食品、火腿、香肠、鱼肉制品。

使用目的

补强缺乏维生素 D 的食品。

维生素 D 营养强化剂包括维生素 D_2（钙化醇）及维生素 D_3（胆钙化醇）。

添加目的为：

1. 可以强化乳制品或缺少维生素 D 食品的维生素 D 含量。

2. 增进钙及磷的吸收利用率，间接预防骨质酥松及软骨症。

其他用途

1. 医学研究指出，维生素 D 可降低 I 型及 II 型糖尿病的危险。

2. 有助于延缓衰老及慢性病发生。

3. 帮助体内维生素 C 的吸收。

使用规定

1. 形态为胶囊状及片状且标示有每日食用量的食品，例如，每日食用量为2粒的复合维生素片,则此2粒片状食品的维生素D总含量不得高于20微克。

2. 一般食品及婴儿（辅助）食品,在每日食用量中,其维生素D的总含量不得高于10微克,若未标示每日食用量的食品,则限每300克食品中,维生素D的总含量不得高于10微克。

3. 限于补充食品中营养素不足时添加使用。

※1000 微克 =1 毫克；1 毫克 =0.001 克

食用过量对人体的影响

1. 属于维生素中最可能引起毒性的物质,但一般饮食中不太会造成过量中毒。

2. 儿童及成人摄入量上限为每天50微克。

3. 长期摄取高剂量的维生素D会造成恶心、口渴、多尿中毒症状。

对人体的危害

低毒。

〈铁〉

被使用于哪些食品

谷类食品（面粉、玉米片、通心面及饼干）、乳制品、婴儿食品。

使用目的

补强缺乏铁质的食品。

铁的补充剂包括:还原铁、电解铁、柠檬酸铁、乳酸铁、焦磷酸铁、氯化铁、硫酸亚铁等。添加目的为：因自饮食中摄取的铁在体内的利用率低,若饮食不均衡易造成缺铁,因此在食品中添加铁的补充剂来补充铁质。

其他用途

1. 缺铁性贫血患者所使用的铁剂类药品,以改善贫血。

2. 针对女性经期失血、孕期营养补充、更年期提高铁的吸收率等需求,作为女性保健的补充物质。

使用规定

1. 一般食品在每日食用量中，其铁的总含量不得高于 22.5 毫克，若未标示每日食用量的食品，则限每 300 克食品中，其铁的总含量不得高于 22.5 毫克。

2. 婴儿辅助食品在每日食用量中，其铁的总含量不得高于 10 毫克，若未标示每日食用量的食品，则限每 300 克食品中，其铁的总含量不得高于 10 毫克。

3. 限于补充食品中不足营养素时添加使用。

食用过量对人体的影响

1. 儿童摄入量上限为每日 30 毫克，成人摄入量上限为每日 40 毫克。

2. 铁不具毒性，但长期服用铁制剂或从食物中摄铁过多，使体内铁量超过正常的 10~20 倍，会出现慢性中毒症状，如肝、脾有大量铁沉淀导致肝硬化、骨质疏松、软骨钙化、皮肤呈棕黑色或灰暗、胰岛素分泌减少而导致糖尿病。

3. 过量的铁会导致组织发炎及纤维化。

对人体的危害

无毒。

〈 L- 醋酸赖胺酸 〉

被使用于哪些食品

添加于谷类食品中，如面粉、玉米粉。

使用目的

补强缺乏赖胺酸的谷类食品。

赖胺酸为人体无法自行合成、需从食物中摄取的必需氨基酸之一。豆类含量较丰，但谷类缺乏此种氨基酸，若以谷类为主食时，易造成赖胺酸缺乏，因此常添加于谷类制品中作为营养强化剂。添加目的为：

1. 能加强人体对蛋白质的利用率。

2. 可以提高代谢能量，因而常添加于提神饮料中。

其他用途

1. 作为动物饲料的主要添加剂，使家畜快速成长，提高经济效益。

2. 赖胺酸可帮助细胞生长。

3. 赖胺酸可辅助治疗单纯性疱疹。

使用规定

可于特殊营养食品中视实际需要适量使用，但限于补充食品中不足的营养素时使用。

食用过量对人体的影响

1. 属于人体的必需氨基酸的一种，一般认为对人体无害，因此世界卫生组织对于此类添加剂每日最高摄入量尚无相关规定。

2. 摄取过多在进行代谢时，会造成肝脏及肾脏的负担。

3. 若使用量过多，会影响食品的风味。

对人体的危害

无毒。

食品添加剂类别九：着色剂

食品色素又称食品着色剂，是赋予食品色泽和改善食品色泽的常见的食品添加剂，如果少了食品色素的存在，人们的生活一定会少很多乐趣。不过，色素虽然能让大家更好地享受美食，但色素的使用也要严格地遵守国家的规定，才能保证食物的安全。食品色素一般分为天然色素和人工合成两类。天然色素主要来自生物本身，可以由植物或者微生物体内提取，如天然苋菜红、焦糖色、高粱红了、栀子黄等，它们都广泛地运用在食品行业中。我国允许使用的食品色素也大部分都属于天然色素。

〈 人工合成色素 〉

常见种类

胭脂红、苋菜红、柠檬黄、番茄红素等。

被使用于哪些食品

饼干、果冻、果酱、糖果、调味酱、糕点、汽水、果汁。

使用目的

提供食品色泽。

1. 加强食品的外观吸引力以增加食欲。

2. 使产品颜色达到均一性效果，以提高消费者购买意愿。

其他用途

作为衣服、化妆品、其他生活用品的染色使用。

使用规定

1. 于各类食品中视实际需要适量使用。通常人工色素在糖果、冰淇淋的用量上限为 0.05g/kg。

2. 生鲜肉类及鱼贝类、生鲜豆类及蔬菜、生鲜水果、豆瓣酱、酱油、海带、海苔、茶等不得使用。

食用过量对人体的影响

1. 根据研究，色素在 72 小时内皆可经尿液和粪便排出。

2. 一般人工合成色素的每日最高摄入量为每千克体重 4 ~ 7.5 毫克左右。

3. 虽然法律规允许食品适量添加色素，但过量摄取人工色素，体质敏感的消费者会有不适的症状，甚至导致癌症及染色体变异。

对人体的危害

低毒（体质敏感者对人体的危害加倍）。

〈 天然色素 〉

常见种类

叶绿素铜钠盐、二氧化钛（钛白粉）。

被使用于哪些食品

1. 叶绿素铜钠盐：干海带、烘焙食品、果酱、果冻、汤类、口香糖及泡泡糖。

2. 二氧化钛：沙拉酱、鲜奶油、奶酪、奶精、馒头、米粉等。

使用目的

提供食品色泽。

1. 加强食品的外观吸引力以增加食欲，例如叶绿素铜钠盐可加强绿色、二氧化钛可增加洁白感。

2. 使产品颜色达到均一效果，以提高消费者购买意愿。

3. 天然色素安全性较高且部分具有营养价值，因此近来受到消费者及食品制造商的青睐。

其他用途

1. 二氧化钛具有高稳定性，可广泛应用在抗臭、抗污的产品中，如除臭剂、清洁剂等。

2. 二氧化钛可作为白色涂料，还具折射阳光、隔绝紫外线的功能，因此常被应用于化妆品、纤维、塑胶、油墨及涂料中。

使用规定

1. 叶绿素铜钠盐在食品加工过程中，最后会产生铜（Cu），因此叶绿素铜钠盐的用量规定上便以铜的残留量作为检测的依据。

2. 二氧化钛可在各类食品中视实际需要适量使用，但生鲜肉类及鱼贝类、生鲜豆类及蔬菜、生鲜水果、豆瓣酱、酱油、海带、海苔、茶等不得添加使用。

食用过量对人体的影响

1. 根据世界卫生组织的建议，叶绿素铜钠盐每日最高摄入量为每人每千克体重的 15 毫克。

2. 二氧化钛对人体不具毒性，因此世界卫生组织对于二氧化钛每日最高摄入量尚无相关规定。但肺功能受损的人，若吸入二氧化钛可能会刺激症状的发作。

对人体的危害

无毒。

 食品添加剂类别十：香料

食品在加工的过程中不仅会产生颜色上的变化，而且营养、香味等都会有所损耗，而使用香料、香精就能让这种情况得到弥补。香料、香精的使用能提高、改变食物中的味道。目前，食品加工中基本都会用香精、香料来改善食品风味。到目前为止，我国允许使用的食品用香料品种已经多大 1900 多种。

1. 按香型分：果香型，如香草、水蜜桃香精等；肉香型，如牛肉、猪骨香精；花香型。

2. 按用途分：这主要是根据香精和香料用在哪一类食物来判断，如有的用在饮料中，有的用在糖果中，有的用来调味，有的用在汤底等等。

〈合成香料〉

常见种类

乙酸乙酯（醋酸乙酯），俗称香蕉油。

被使用于哪些食品

饮料、面包。

使用目的

增强食品风味。

1. 乙酸乙酯具有水果香味。

2.可增强食品原有的风味及香气。

其他用途

1.为用途广泛的有机化工原料，可用于制造乙酰胺、乙酰醋酸酯、甲基庚烯酮等化学物质。

2.广泛应用在香精香料、油漆、医药、高级油墨、火胶棉、硝化纤维、人造革、染料等用途。

3.可作为萃取剂和脱水剂。

使用规定

1.于各类食品中视实际需要适量使用，限作为香料用途。

2.饮料使用量为每千克67毫克以下。

3.面包中使用量为每千克20～30毫克以下。

食用过量对人体的影响

根据世界卫生组织的建议，乙酸乙酯每日最高摄入量为每人每千克体重25毫克。

食用过量对人体的影响

1.浓度10%的乙酸乙酯溶液对一般人不会造成皮肤过敏，但对敏感者会造成皮肤过敏。

2.食入过量会造成恶心、呕吐、呼吸急促、头痛、困倦、晕眩及其他抑制中央神经系统的症状。在体内会分解出乙醇，大量食入会造成休克甚至死亡。

对人体的危害

低毒。

〈天然香料〉

常见种类

桂皮醛。

被使用于哪些食品

可乐饮料、饼干、咖喱粉、烘焙食品。

使用目的

增强食品风味。

1. 桂皮醛可提供肉桂特有的香气及辛辣味。

2. 可加强食品的吸引力以增加食欲。

3. 天然香料安全性较高且部分具有营养价值，近来受到消费者及食品生产商的青睐。

其他用途

1. 可以抑制霉菌的生长。

2. 医学上可用来治疗发炎。

3. 可当做健胃药使用。

4. 可抑制肿瘤发生，具抗癌作用。

5. 添加在杀虫剂、驱蚊剂、冰箱除味剂、保鲜剂中可提供良好杀虫、除臭的效果。

使用规定

1. 于各类食品中视实际需要适量使用，但限作为香料用途。

2. 清凉饮品添加量为每千克 10 毫克以下。

3. 糖果添加量为每千克 700 毫克以下。

食用过量对人体的影响

1. 一般认为毒性低，目前世界卫生组织对于桂皮醛每日最高摄入量尚无相关规定。

2. 摄取过量会有头昏、眼花、眼胀、眼涩、眼睑下垂、口舌麻木、咳嗽等中毒症状，亦会造成尿少、尿闭、排尿困难、尿道灼热疼等泌尿系统的症状。

对人体的危害：

低毒。

食品添加剂类别十一：调味剂

　　人们活着就要吃，才能从食物中获取足够的营养保证正常的功能运转，但人们吃食物却不仅是为了能从食物中获取能量，同时也是为了从食物中获取各种享受，它的味道，它的口感，它的变化等等，这才是享受生活，生活也因此才有了更多的意义。而添加剂的使用满足了人们的这种需求，因为它能让食物变得更加可口。在家里做饭时，我们都会准备好味精、鸡精、十三香等调味剂，而添加了这些调味剂的食物也会别有一番滋味。它们其实也就是添加剂的一种。大家家里的饮料和冰淇淋等，都会有不同的口味，其实它们主要是靠香精等添加剂打理的。添加剂的使用才让人们的生活变得更加有滋有味。

〈甜味剂〉

常见种类

D-山梨醇（山梨糖醇）、阿斯巴甜。

被使用于哪些食品

D-山梨醇：饼干、口香糖、糖果、巧克力及低糖果酱等。

阿斯巴甜：蜜饯、速溶咖啡、茶粉、布丁粉、碳酸饮料及低糖饮料等。

使用目的

提供食品甜味。

1.赋予食品的甜味，增加消费者接受性。

2.D-山梨醇及阿斯巴甜可作为糖尿病及低热量需求患者的甜味剂。

3.阿斯巴甜能增进水果的风味，降低咖啡的苦味。

其他用途

1.山梨醇不会被口腔内有害菌利用，添加于口香糖中可预防龋齿。

2.山梨醇因有保湿与保存的功效，可运用于化妆品上，或添加至烘焙食品中以延长保存期限。

使用规定

1.D-山梨醇用于各类食品中视实际需要适量使用。限于食品制造或加工必需时使用，婴儿食品则不得使用。

2. 阿斯巴甜可于各类食品中视实际需要适量使用。限于食品制造或加工必需时使用。

食用过量对人体的影响

1.D-山梨醇一般认为毒性低，因此每日最高摄入量并未限制，但成人每日摄食50克以上可能会引起腹。

2. 山梨醇在人体内可代谢成果糖，因此患有果糖不耐症与低血糖症的儿童不适合使用，特别是使用在静脉注射上。

3. 根据世界卫生组织的建议，阿斯巴甜每日允许摄入量为每千克体重40毫克。

对人体的危害

无毒（D-山梨醇），低毒（阿斯巴甜）。

〈酸味剂〉

常见种类

乳酸、苹果酸。

被使用于哪些食品

乳酸：乳酸饮料、酱菜、奶酪、肉类加工品。

苹果酸：清凉饮料、果汁、糖果、果酱、果冻、沙拉、食醋、蜜饯。

使用目的

1.赋予食品的酸味及香味，增加消费者接受性。

2.具有抑菌能力，可延长食品保存期限。

3.可当做食品的酸度调节剂。

其他用途

1. 乳酸在烟草行业中可以保持烟草湿度，除去烟草中杂质，还可中和尼古丁，从而提高烟草品质。

2. 乳酸在纺织业处理纤维，使纤维易着色，增加光泽，使触感柔软。

3. 乳酸可作为聚乳酸的起始原料，制造成生物降解塑料。

4. 乳酸具有清洁去垢等作用，应用于洗涤清洁产品，如厕所、浴室、咖啡机的清洁剂。

5. 医药工业上各种片剂、糖浆配以苹果酸可使药品具水果味，苹果酸能帮助药物在体内吸收、扩散。

6. 苹果酸衍生物（如酯类）能改善烟草香味。

7. 苹果酸应用于牙膏、净牙片、合成香料中，可作为防臭剂和洗涤剂。

使用规定

1. 乳酸及苹果酸限于食品制造或加工必须时使用，可于各类食品中根据实际需要适量使用，但苹果酸在婴儿食品中不得使用。

2. 乳酸在果汁及乳酸饮料的使用量为 0.1% ～ 0.2%。

3. 乳酸在糖果及糖奶酪中的使用量分别为 0.05% ～ 0.3% 及 0.05% ～ 0.2%。

食用过量对人体的影响

乳酸及苹果酸于食品级的使用范围内对人体无害，因此世界卫生组织对于乳酸及苹果酸每日最高摄入量尚无相关规定。

对人体的危害

无毒。

〈 鲜味剂 〉

常见种类

谷氨酸钠，俗称味精。

被使用于哪些食品

水产制品（如丸类、饺类、鱼片、鱼卷、蟹肉棒、天妇罗等）、肉类加工品（如肉干、火腿、香肠等）、咖喱粉、速食粉末汤、浓缩汤、竹笋、洋菇。

使用目的

味精中的谷氨酸是天然蛋白质中的一种氨基酸，与食盐中的钠离子共同存在时，会提升食品的鲜味，使食品更为美味可口，增强消费者的喜爱。

其他用途

制造味精所产生的副产物味精发酵母液可作为植物生长辅助剂、动物饲料的营养成分。

使用规定

1.限于食品制造或加工必需时使用,于各类食品中根据实际需要适量使用。

2.水产制品中谷氨酸的使用量为 0.3% ~ 0.5%。

3.速食粉末汤与浓缩汤的谷氨酸钠使用量为 3% ~ 10%。

食用过量对人体的影响

1.据世界卫生组织的建议，谷氨酸钠每日最高摄入量为每人每千克体重 0.12 克。

2.味精含有 12.3% 的钠，若摄食过量味精等于摄取过量的钠盐，易造成如高血压及肾脏病等病症发生。

3.部分人食入谷氨酸钠会产生敏感反应，如口干舌燥、头痛、心悸。

对人体的危害

无毒。

食品添加剂类别十二：增稠剂

食物的好坏不仅取决于食物的色、香、味，也取决于它的形态和质地，那些在厨艺上有造诣的人也非常注重给食物赋予各种形态。要知道，食物的形态和质地也会影响食客的胃口。而有些食品添加剂的出现，正为食物有更好的形态和质地提供了条件。

〈 天然增稠剂 〉

常见种类

阿拉伯胶（由阿拉伯胶树的树汁凝结而成的天然植物胶）、果胶（自柑橘、柠檬、柚子等果皮萃取出的胶状物质）。

被使用于哪些食品

阿拉伯胶：速食面的干粉调味包、啤酒、糖果。

果胶：糖果、果酱、果冻、发酵乳、烘焙食品、清凉饮料。

使用目的

增加黏稠性、稳定泡沫及形成乳化

1. 阿拉伯胶可作为还原果汁（浓缩果汁稀释）的增稠剂。

2. 阿拉伯胶可以稳定啤酒的泡沫。

3. 阿拉伯胶也是含油脂食品的乳化稳定剂。

4. 果胶可提高烤肉酱及辣椒酱的黏稠性、稳定性及口感。

5. 果胶可使发酵乳质地均匀，提升口感。

※ 使用在其他食品的目的：

① 果胶可应用于低糖度食品生产。

② 低脂果胶制成的果冻,健胃,增加食量,解除铅中毒,是儿童的保健食品。

其他用途

1. 在医学应用上，阿拉伯胶含有大量的可溶性膳食纤维，可降低血液中的胆固醇含量。

2. 阿拉伯胶可以作为精油的乳化剂。

使用规定

1. 阿拉伯胶及果胶可根据实际需要，使用在各类食品中，且无用量标准的限制。

2. 为避免影响加工效果，果胶于果酱中使用量为 0.2% ~ 0.4%，于乳制品中使用量为 0.2% ~ 0.6%。

食用过量对人体的影响

1. 在食品应用上一般认为无毒，因此世界卫生组织对于阿拉伯胶及果胶的每日最高摄入量尚无相关规定。

2. 阿拉伯胶及果胶若摄取过多，超过 50 克以上，可能会导致腹泻。

对人体的危害

无毒。

〈 半合成增稠剂 〉

常见种类

羧甲基纤维素钠、羧甲基纤维素钙，俗称工业味精。

被使用于哪些食品

羧甲基纤维素钠：冰淇淋、番茄酱、乳酸饮料、果汁、果酱。

羧甲基纤维素钙：饼干、速食咖啡、可可、速食汤、粉末果汁、羊羹。

使用目的

增加黏稠性及稳定性。

1. 羧甲基纤维素钠可增加果汁的黏稠性。

2. 羧甲基纤维素钠可增加冰淇淋的稳定性及口感。

3. 羊羹中添加羧甲基纤维素钙可增加其黏稠度。

※ 不作为增稠剂的其他目的：羧甲基纤维素钙可以加强饼干入口即化的特性，并增加速食性食品在水中的溶解性。

使用规定

可使用于各类食品中，用量限制为每千克 20 克以下。

食用过量对人体的影响

在食品级的使用范围内对人体无害，因此世界卫生组织对于羧甲基纤维素钠与羧甲基纤维素钙每日最高摄入量尚无相关规定。

对人体的危害

无毒。

食品添加剂类别十三：结着剂

食品加工中为增加畜肉制品及鱼肉制品的保水性、黏弹性、油脂混合性，得以维持产品外形与增加口感，因此适当添加食品结着剂是必要的。

〈 磷酸盐类 〉

常见种类
磷酸二氢钠、焦磷酸钠、多磷酸盐。

被使用于哪些食品
畜肉品（如火腿、贡丸）、鱼肉制品（如鱼丸、甜不辣、鱼香肠）、冰淇淋、奶酪、面条、烘焙食品及水果加工品等。

使用目的
增加结着力、膨胀性、保水性、保色力及乳化性。

1. 添加于火腿及香肠等畜肉制品可提高肉的结着力，改善质地及口感。

2. 应用在冰淇淋可增加其膨胀率及质地的细致性。

3. 果汁中添加磷酸盐可防止褐变及褪色。

其他用途
1. 磷酸盐在耐火材料中可作为结合剂。

2. 用在清洁剂中当做软水剂，去除造成硬水的金属离子。

3. 农业上磷酸盐是植物的养分之一，作为肥料的主要成分。

使用规定
使用磷酸二氢钠、焦磷酸钠、多磷酸钠，在加工过程中，最后皆会水解产生磷酸根，因此此类添加剂的用量规定便以磷酸根的残留量作为检测的依据。

可使用于肉制品及鱼肉制品，但限于食品制造或加工必需时才能使用，且磷酸根的检测值必须在 3g/kg 以下。

食用过量对人体的影响

1. 根据世界卫生组织的建议，磷酸盐类每日最高摄入量为每人每千克体重 70 毫克。

2. 过量磷酸盐、焦磷酸盐及多磷酸盐会和血液中钙结合，造成钙沉淀，阻碍钙吸收。

3. 过量的磷酸盐会使血液中磷含量过多，影响体内钙、磷的平衡。

对人体的危害

低毒。

食品添加剂类别十四：食品工业用加工助剂

食品工业用加工助剂用于食品加工过程中，主要有分解、中和、消泡、过滤、吸附及去除杂质等目的，其种类可分为碱、酸及树脂类。本类食品添加剂的使用范围、用量及使用范围均无特别规定，但最后产品完成前必须中和或去除。食品工业用加工助剂应注意其纯度，避免其他毒性物质如重金属进入食品中，并注意其使用量是否合乎法规，避免过量使用对消费者的健康造成危害。

〈碱类〉

常见种类

氢氧化钠、氢氧化钾、碳酸钾、碳酸钠。

被使用于哪些食品

化学酱油、味精、食用油、面条、柑橘和桃子罐头。

使用目的

食品加工中用于中和、去皮使用。

1. 调整及中和酸碱度。

2. 增加水果剥皮速率。

※ 不作为食品工业用加工助剂的其他目的：食品制作过程中具有抑菌效果。

使用规定
可于各类食品中根据实际需要适量使用，最后食品完成前必须中和或去除。

食用过量对人体的影响
1. 由于此类食品添加剂在食品加工过程的最终产品不得残留，因此无最高摄入量的规定。

2. 不慎吞食氢氧化钠及氢氧化钾可能导致嘴部、咽喉、肠胃道严重腐蚀，引起剧烈疼痛和呼吸困难、呕吐、腹泻与衰竭情形。

3. 不慎吞食碳酸钾及碳酸钠可能出现呕吐、咳嗽、腹痛、吞咽及呼吸困难的情况。

对人体的危害
低毒。

〈酸类〉

常见种类
盐酸、硫酸、草酸。

被使用于哪些食品
化学酱油、味精、淀粉、麦芽糖、葡萄糖、食用油、橘子罐头。

使用目的
食品加工中用于中和、去皮、脱色使用。

1. 调整及中和酸碱度。

2. 增加水果剥皮速率。

3. 作为食品的脱色剂。

其他用途
用于印染、清洗厕所、金属除锈、造纸、化学催化剂、制造 PVC 塑胶及电池的原料或辅助物质。

使用规定

可于各类食品中根据实际需要适量使用，最后产品完成前必须中和或去除。

食用过量对人体的影响

1. 由于此类食品添加剂在食品加工过程的最终产制品中不得残留，因此无最高摄入量的规定。

2. 不慎吞食酸类加工助剂会腐蚀灼伤口、喉、食道及胃，造成吞咽困难、喉干、恶心、呕吐、腹泻，甚至虚脱或死亡。

3. 草酸会干扰维生素的吸收，严重时造成肾衰竭，甚至死亡。

对人体的危害

中毒。

〈离子交换树脂〉

被使用于哪些食品

水、糖、食品添加剂、酱油。

使用目的

用于去除杂质、脱酸、脱色使用。

1. 离子交换树脂可与水中离子交换，去除金属离子及不纯物，使水质软化。

2. 精制及制造糖类时，作为脱酸及脱色使用。

3. 用于精制食品添加剂或使酱油脱色。

使用规定

可于各类食品中根据实际需要适量使用，最后产品完成前必须中和或去除。

食用过量对人体的影响

离子交换树脂在食品加工过程中，并不会残留在食品中，因此无最高摄入量规定，也无食用过量对人体的影响的风险。

对人体的危害

无毒。

食品添加剂类别十五：溶剂

溶剂主要用于食品加工过程中，作为萃取香辛料精油、食用油脂或溶解香料、色素等用途，可分为可食用溶剂及非食用溶剂两类。可食用溶剂，如丙二醇、甘油及三醋酸甘油酯等，在食品法规的使用范围、用量及使用限制较为宽松；而不可食用溶剂，如己烷、异丙醇、丙酮及乙酸乙酯等，则规定使用后应于最后产品完成前去除，不得残留。

〈可食用溶剂〉

常见种类

丙二醇、甘油（丙三醇）、三醋酸甘油酯。

被使用于哪些食品

主要用于防腐剂、抗氧化剂、色素、香料等物质，食品则用于面包、馅料、羊羹、面条、豆乳、精油、口香糖。

使用目的

保湿、软化、萃取或溶解物质使用。

1. 添加丙二醇于面包中，可作为人造奶油的延展剂及面包保湿剂。

2. 用于食品中，具有防腐、湿润、增加弹性、增加光泽等效果。

3. 用于萃取、溶解其他添加剂及使口香糖软化等效果。

其他用途

1. 丙二醇应用在医药工业上，可作为各类软膏、软化剂、药丸的溶剂、保湿剂、防腐抗菌剂、渗透剂。

2. 丙二醇可作为化妆品的保湿剂、软化剂及溶剂等。

3. 丙二醇可作为食品包装材质中的柔软剂。

4. 甘油可用于制作油漆、树脂、树胶等涂料。

5. 甘油可作为玻璃纸的软化剂。

6. 甘油应用在化妆品及浴厕用品上，作为溶剂、稀释剂、润滑剂等。

使用规定

1. 丙二醇及甘油可于各类食品中根据实际需要适量使用。

2. 三醋酸甘油酯只可使用于口香糖，根据实际需要适量使用。

食用过量对人体的影响

1. 丙二醇、甘油、三醋酸甘油酯几乎无毒性，作为食品加工中的溶剂使用，一般对人体无害。

2. 根据世界卫生组织的建议，丙二醇每日最高摄入量为每人每千克体重 25 毫克。

3. 甘油及三醋酸甘油酯目前尚无最高摄入量规定，但食入大量甘油可能造成恶心。

对人体的危害

无毒。

〈 不可食用溶剂 〉

常见种类

己烷、异丙醇、丙酮、乙酸乙酯。

被使用于哪些食品

油脂、精油、啤酒花、色素、香料。

使用目的

食品制造所用的萃取溶剂。

萃取油脂、精油、啤酒花、天然色素、香料等成分，再应用于食品制造中，以增添食物的风味、气味、颜色等。

※ 非作为溶剂的其他目的：乙酸乙酯具有轻微果香，类似白兰地的香气，可在食品加工时作为香料使用。

使用规定

1. 己烷、异丙醇主要用于油脂、香辛料精油、啤酒花的萃取，不可直接添加在食品中。

2. 丙酮用于香辛料精油的萃取，但可在各类食品中根据实际需要适量使用，最后产品完成前必须去除，不得残留于食品中。

3. 乙酸乙酯用于天然色素的萃取，但最后产品不得残留。

食用过量对人体的影响

1. 己烷口服毒性虽低，但可能抑制中枢神经系统，引起恶心、头晕、动作不协调和无意识等问题。

2. 吞食异丙醇可能造成晕眩、肠胃疼痛、痉挛、恶心、呕吐及腹泻。

3. 吞食丙酮可能刺激咽、食道及胃，易造成头痛、虚弱及困倦等情形。

4. 根据世界卫生组织的建议，乙酸乙酯每日最高摄入量为每人每千克体重 25 毫克。

5. 食入乙酸乙酯后，会在体内分解出乙醇（酒精），可能造成恶心、呕吐、呼吸急促、头痛、困倦、晕眩及抑制中央神经系统的症状，若大量吞食会造成休克甚至死亡。

对人体的危害

低毒。

食品添加剂类别十六：乳化剂

乳化剂是使用在食品上的介面活性剂，主要功能是将原本互不相溶的油和水相互混合，形成稳定的乳化状态，例如冰淇淋、奶油、沙拉酱等。乳化剂除了乳化的功能外，尚具有分散、渗透、湿润、消泡、起泡，溶化等机能，不同食品所适用的乳化剂类型也不同，可根据食品加工需要使用，法规中并无明显的限制。

〈脂肪酸酯类〉

常见种类

1. 脂肪酸甘油酯及其同类物质：乳酸甘油酯、柠檬酸甘油酯、琥珀酸甘油酯、二乙酰酒石酸单甘酯、脂肪酸聚合甘油酯等。

2. 山梨醇脂肪酸酯及其同类物质。

3. 蔗糖脂肪酸酯。

4. 丙二醇脂肪酸酯。

被使用于哪些食品

人造奶酪、口香糖、可可、巧克力、冰淇淋、冷冻鱼丸、豆腐、果酱、花生酱、沙拉酱、食用油、香料、软糖、酥油、饮料、饼干、调味料等各式食品。

使用目的

1. 使食品中的油脂和水均匀混合成乳化状态，防止油水分离、固体结块、淀粉类食品老化。

2. 提高食品的酥度、弹性、吸水性、保水性及光泽。

3. 加强乳化后食品的耐热性、韧性、均质化程度、稳定性及延长保存性等。

其他用途

乳化剂可用于医药、饲料及化妆品。

使用规定

在各类食品中根据实际需要适量使用。在食品加工中通常使用量少，约1%～3%的比例，即可达到乳化效果。

食用过量对人体的影响

1. 此类物质毒性极微，作为食品加工中的乳化剂使用，一般对人体无害。

2. 根据世界卫生组织的建议，大部分脂肪酸酯类的每日最高摄入量为每人每千克体重20～25毫克。

对人体的危害

无毒。

〈修饰淀粉及盐类〉

常见种类

羟丙基纤维素、羟丙基甲基纤维素、碱式磷酸铝钠、乳酸硬脂酸钠、乳酸硬脂酸钙、脂肪酸盐类。

被使用于哪些食品

人造奶酪、口香糖、巧克力、冰淇淋、色素、冷冻鱼丸、豆腐、果酱、花生酱、食用油、香料、软糖、酥油、饮料、维生素、饼干、调味料等各式食品。

使用目的

使油水相溶乳化。

1. 使食品中的油脂和水均匀混合成乳化状态，防止油水分离、固体结块。

2. 用于淀粉类食品，可增强面筋的弹性和稳定性，防止淀粉老化。

3. 提高食品的酥度、弹性、吸水性、保水性及光泽。

4. 加强乳化后食品的耐热性、韧性、均质化程度、稳定性及延长保存性等。

其他用途

广泛使用在石油化工、建筑、印染、烟草、造纸、皮革等工业上，作为增稠剂、黏着剂、保水剂、稳定剂、乳化剂等，如建筑施工中的水泥增稠剂、油漆涂料的增稠剂。

使用规定

可在各类食品中根据实际需要适量使用。在食品加工中通常使用量少，约 1% ~ 3% 的比例，即可达到乳化效果。

食用过量对人体的影响

1. 此类物质毒性极微，作为食品加工中的乳化剂使用，一般对人体无害。

2. 根据世界卫生组织的建议，大部分修饰淀粉及盐类的每日最高摄入量为每人每千克体重 20 ~ 25 毫克。

对人体的危害

无毒。

第二节
非法的食品添加剂

非法食品添加剂是指不可使用、却经常被报道或传扬违法添加的有害物质，以及之前曾经可使用，但经证实对人体有害后禁止使用的食品添加剂。有一些不良业者为了节省成本或使产品的卖相更诱人而滥用这些非法食品添加剂，因此我们在选择食品时应多注意包装上的标示、注意食品销售地，从而管理好我们的健康。

非法食品添加剂一（防腐剂）：硼砂（硼酸钠）

硼砂是一种用途广泛的化工原料，室温下为无色半透明结晶粉末。硼砂添加在食品中可改善口感，防止酶产生的黑变，但硼砂对人体健康的危害很大，食品法规定禁止添加于食品中。

被使用于哪些食品

1. 谷类制品（如碱粽、碗糕、汤圆）、海鲜和鱼肉制品（如虾仁、鱼丸、鱼板及鱼丸等）、豆类制品（如豆干、腐竹及豆丝等）、面条类制品（如黄油面、乌龙面）等需增加弹性及脆度的食品。

2. 带壳生鲜虾类。

使用目的

增加食品弹性、韧性、脆度、改善食品保水性、保存性，用于虾类可防止虾头褐变。

1. 硼砂有类似碱水的功能，可以改善食品的口感及色泽，防止淀粉膨胀时产生的过度黏着，常用于油面制作上。

2. 硼砂易与水分子结合，可增加食品的保水能力，增加食品品质，并可减少食品中水分被微生物利用的概率。

3. 硼砂可减缓虾类因氧化或酶作用所产生的黑色素，但防腐力不高，不能有效抑制菌类滋生。

其他用途

1. 硼砂添加于玻璃中，可增加紫外线的透射率，提高玻璃的透明度及耐热度。

2. 搪瓷制品中添加硼砂可使瓷不易脱落，具有光泽。

3. 焊接金属时，用于净化金属表面。

4. 可单独或与其他杀菌剂一起用于木材防霉。

5. 可用于非谷物生长区杂草的防治。

6. 杀蟑螂药、杀蚂蚁药的主要成分。

7. 在兽医上，可作为杀菌剂、清洁剂及黏膜收敛剂。

使用规定

食品中禁止使用硼砂。

+ tips
小贴士 1

　　购买碱粽、碗糕等可能含有硼砂的食品时，应向较有信誉的商家购买，并注意储存期限，以免贮放过久而变质。购买鱼浆加工品如脆丸，不应过度要求脆度、弹性，购买虾尽量选择新鲜的活虾，不要买过红的虾。

+ tips
小贴士 2　硼砂的替代品
——三偏磷酸钠

　　硼砂的替代品为"三偏磷酸钠"，不但功能类似，还可增加食品的黏弹性及口感，且安全性高，适合用于制作碱粽、粉糕、油面等食品加工上。

食用危害

1. 硼砂进入人体后，经胃酸作用，会转变成硼酸。人体对少量的有毒物质有分解排出的能力，但连续摄食硼砂会导致硼酸积存于体内，引起食欲减退、消化不良、营养素吸收不良等危害。

2. 可能造成血液中红细胞破裂、皮肤出现红疹或脱皮、恶心、呕吐、腹部疼痛、抽筋、少尿或无尿、下痢、循环系统障碍、虚脱、低血压及休克等生命危险，称为"硼酸症"。

3. 致死剂量约为：成人 10 ~ 20 克、儿童 5 ~ 6 克、婴儿 2 ~ 3 克。

对人体的危害

中毒。

致癌 NO 过敏 YES 急毒性 YES 代谢不易 YES

非法食品添加剂二（防腐剂）：甲醛

甲醛是一种生产塑胶原料的化学物质，更可以作为工业上清洁剂及防腐剂，室温下为无色气体，极易溶于水，并具有强烈刺激性气味。甲醛具防腐及漂白的效果，但甲醛不容易氧化且易残留于食品。食品法规定禁止添加于食品中。

被使用于哪些食品

豆类食品（如腐竹、豆芽）、干制品（如萝卜干、虾米、竹荪）、谷类食品（如粉丝、米粉）、发水食物（如动物内脏、凤爪）等需增白的食品。

使用目的

添加于食品中作为防腐剂及漂白剂使用。

甲醛可以使食品中的蛋白质失去活性，造成蛋白质凝固及微生物死灭，以达到防腐的目的，此外也具有漂白的功效。

其他用途

浓度 37% 左右的甲醛在医学上作为标本和尸体的防腐剂，又称为"福尔马林"。

使用规定

食品中禁止添加甲醛。

食用危害

甲醛一般建议每人每千克体重的最高摄入量为 0.2 毫克，也就是体重 5

千克的人，摄入量不宜超过 10 毫克，否则易有危害。

1. 造成口、咽、食道、肠的刺激及疼痛，会产生晕眩、沮丧等症状及休克。

2. 可能发展成黄疸、体温降低、酸中毒及血尿。

3. 可能产生皮肤湿疹、全身过敏。

对人体的危害

极毒。

致癌 YES 过敏 YES 急毒性 YES 代谢不易 YES

tips 小贴士1 甲醛也是生物体细胞代谢的正常产物，因此天然食物中广泛存在微量的甲醛，经由人体吸收可分解成二氧化碳和水排出体外，对健康不会有危害。例如啤酒制造过程中会产生微量甲醛，规定的含量标准在每升 0.9 毫克以下，通常以每升 0.2 毫克的含量较为安全。

tips 小贴士2 加热烹煮可使甲醛含量降低

甲醛易溶于水，并有高温时挥发的特性，因此加工食材时应在使用前彻底清洗，并在烹煮时彻底加热，以减少甲醛的残留，避免造成危害。

非法食品添加剂三（漂白剂）：吊白块

吊白块是一种具有蒜味的白色粉末，极易溶于水，经高温分解后具有漂白作用，一般用于纺织工业的染色上。由于其分解后产生亚硫酸盐类及甲醛，添加在食品中可兼具漂白及防腐的效果，但甲醛不容易氧化且易残留于食品，因此吊白块在食品法中被明令禁止使用。

被使用于哪些食品

需增白食品，包括切片水果、金针菇、食用糖、冬瓜糖、米粉、粉丝、腌制的萝卜干、芋头、莲藕、牛蒡、洋菇、白豆沙等。

使用目的

漂白及防腐。

吊白块经高温加热后，分解成亚硫酸盐及甲醛，一般用于食品的漂白、保色、防腐等效果上。

其他用途

吊白块属于化工原料，主要使用于纺织工业的染色技术。

使用规定

食品中禁止使用吊白块。

食用危害

食用吊白块易造成甲醛及亚硫酸盐中毒：

1.甲醛每人每千克体重的容许摄入量在0.2毫克，也就是体重50千克的人，摄入量不宜超过10毫克。过量甲醛经人体摄食后易引起过敏、皮肤湿疹、严重腹痛、呕吐、昏迷、肾脏受损甚至死亡。

2.亚硫酸盐于加热后会挥发，为食品加工上的合法添加剂，每人每千克体重的容许摄入量在0.7毫克，也就是体重50千克的人，摄入量不宜超过35毫克，过量易造成呼吸困难、腹泻、呕吐等症状，尤其是患气喘病的患者食用过量更容易引发哮喘与呼吸困难。

对人体的危害

极毒。

致癌 YES 过敏 YES 急毒性 YES 代谢不易 YES

+ tips
小贴士 1 近年来，在卫生机关的严格抽检下，吊白块的使用已少有案例。吊白块具有漂白作用，因此消费者必须注意太白的食品尽量少食用，在辨别食品中是否含有吊白块时，可以闻一闻是否有刺鼻气味，向较有信誉的商家购买食品较有保障。

非法食品添加剂四（漂白剂）：荧光增白剂

荧光增白剂的品种有数百种之多，是利用光线折射，给予视觉洁白感觉的白色染料，一般用于印染、洗涤及造纸工业。不同的荧光增白剂毒性不一，但应用在食品或食品包装材料上，因易与食品结合而被人体所吸收，因此在食品法规中，食品及食品包装内会直接接触食品的部分皆不得含有荧光增白剂。

被使用于哪些食品

需增白食品，如蘑菇、白萝卜、鱼丸等。

使用目的

使食品增白。

荧光增白剂可吸收眼睛看不到的紫外线，放出眼睛可看到的光，是利用光学作用以增加产品白度的一种化学药剂。

其他用途

主要用于纺织、洗涤、造纸、塑料工业。

使用规定

食品中禁止使用荧光增白剂。

食用危害

1. 接触可能会造成皮肤过敏。

2. 荧光增白剂品种繁多，部分含有致癌物，是否致癌目前在医学研究上尚未定论，但直接接触或食用含有荧光增白剂的食品，可能有致癌风险。

※ 荧光增白剂禁止食用，无容许摄入量。

对人体的危害

极毒（毒性不一，但禁用）。

致癌 YES 过敏 YES 急毒性 NO

＋tips
小贴士 1　检验荧光增白剂的方法

　　购买食品时可使用紫外线工具，如验钞笔，来检验食品是否含有荧光增白剂。在紫外光的照射下，受到荧光增白剂污染的食品，会发出荧光的反应，此法同样可检查餐具、纸张是否遭受荧光增白剂污染。另外，蛋白质食品新鲜度不佳时，多数会发荧光，如肉类（呈红紫色荧光）、乳制品（呈乳白色荧光）、蛋制品（呈青色或紫色荧光）等，但不表示有遭受荧光增白剂的污染。

非法食品添加剂五（色素）：盐基性介黄（金黄胺、奥黄）

盐基性介黄为可溶于水的盐基性黄色色素，在紫外线下会呈现黄色荧光，是一种化工用的黄色染料。暴露于盐基性介黄的环境中易对眼睛造成危害，且会增加罹患膀胱癌、前列腺癌的风险，大部分国家如美国、日本等，均禁止在食品中使用。

被使用于哪些食品

需染黄色的食品，如糖果、黄萝卜、酸菜、油面、大豆加工食品。

使用目的

使食品染黄增艳。

盐基性介黄可吸收紫外线，放出鲜黄色的荧光，容易获得，对光及热稳定。

其他用途

1. 作为工业用的化工黄色染料。

2. 用于纺织品染色。

3. 用于油漆、墨水、复写纸、色带、涂料及橡胶、塑料着色、烟幕染料等。

使用规定

食品中禁止使用盐基性介黄。

食用危害

1. 摄取盐基性介黄可能造成头疼、心悸亢奋、脉搏减少、意识不清等症状。

2. 对人体可能有导致膀胱癌、前列腺癌的风险。

3. 眼睛接触可能造成眼结膜水肿、充血、流脓，甚至角膜完全不透明、脱落等症状。

※ 盐基性介黄因禁止食用，无容许摄入量。

对人体的危害

极毒。

致癌 YES 急毒性 YES 代谢不易 YES

小贴士1　购买商品时，应注意原料标示，注意是否有未经允许的色素我国可使用的天然色素。有天然 β 胡萝卜素、甜菜红、姜黄、红花黄、紫胶红、越橘红、辣椒红、辣椒橙，常用的天然着色剂有辣椒红、甜菜红、红曲红、胭脂虫红、高粱红、叶绿素铜钠、姜黄、栀子黄、胡萝卜素、藻蓝素、可可色素、焦糖色素等。

非法食品添加剂六（色素）：盐基性桃红精（玫瑰红B色素、罗丹明B）

盐基性桃红精为可溶于水的盐基性桃红色色素，在紫外线下会呈现橙红色的荧光，是一种化工用的红色染料。人体反复接触盐基性桃红精并暴露于紫外线下，容易使皮肤产生过敏的毒性反应，主要对眼睛有危害，且可能使肺功能下降，因毒性甚强而禁止使用于食品中。

被使用于哪些食品

需染红色的食品，如糖果、蛋糕、梅干、红姜、话梅、肉松。

使用目的

使食品染红增艳。

盐基性桃红精可吸收紫外线，放出橙红色的荧光，使食品颜色变红，增加色泽。

其他用途

1.作为工业用的化工红色染料。

2.主要用于制造有色纸类，用于纺织品、油漆、颜料、麻、皮革制品的染色。

使用规定

食品中禁止使用盐基性桃红精。

食用危害

1. 急性中毒会造成全身着色，并缓慢由尿液及汗腺排出，所排出的红色尿液易被认为血尿。

2. 对眼睛、皮肤、呼吸道造成刺激，造成眼睛灼烧、流泪不停、胸痛、咳嗽、流鼻水、鼻子痒、喉咙灼热、头痛、恶心等反应。

3. 可能使肺功能下降。

※ 盐基性桃红精因禁止食用，无容许摄入量。

对人体的危害

极毒。

致癌 NO 过敏 YES 急毒性 YES 代谢不易 YES

+tips
小贴士 1　　检验盐基性色素的方法

利用紫外线工具，如验钞笔，可以检验食品是否含有盐基性有害色素。一般食用色素不会有荧光反应，合法的食用赤藓红色素则为微橘红色荧光，而盐基性介黄会发出鲜黄荧光，盐基性桃红精则发出鲜红荧光。

非法食品添加剂七（色素）：苏丹红

苏丹红是工业上使用的人工合成染料，主要有四种形态，分别为苏丹红一号、二号、三号、四号（猩红）。在食品上最常被发现的是苏丹红一号及四号，苏丹红四号较一号鲜艳，毒性也更大，对人类有致癌的可能，依食品法规规定，两者皆禁止添加于食品中。

被使用于哪些食品

需染红色的食品，如虾、沙拉、熟肉、馅饼、辣椒粉、调味酱、速食产品等。

使用目的

使食品染红增艳。

苏丹红不容易褪色，使用后可以常保商品的色泽。

其他用途

通常用于溶剂、机油、油漆、医药防腐剂、汽车蜡和鞋油等。

使用规定

食品中禁止使用苏丹红。

食用危害

1. 苏丹红一号及四号皆具有致癌性。

2. 苏丹红对人体的肝、肾有明显的毒性。

※ 苏丹红因禁止食用，无容许摄入量。

对人体的危害

极毒。

致癌 YES 过敏 NO 急毒性 NO 代谢不易 YES

+ tips
小贴士 1　掺有苏丹红的黑心食物

　　2003 年印度出口至法国的辣椒粉中检验出苏丹红。食品生产者在食品中添加苏丹红，其主要目的就是增加红色，而印度等国家在加工辣椒粉的过程中并未有强制执行的不得添加苏丹红的法令，因此遂有业者将玉米粉以苏丹红染色后掺入辣椒粉中，以减少成本牟取利益。也有不良业者给鸡、鸭喂食掺有苏丹红四号的饲料，使所生产的蛋能有浓郁的蛋黄色泽，大家选购产品时应注意。

非法食品添加剂八（人工甜味剂）：甘精（乙氧基苯脲）

　　甘精是一种人工合成的调味剂，属于代糖的一种，甜度约为蔗糖的 250 倍，过去常用于蜜饯类食品。世界大部分国家，如美国、日本等，均禁止在食品中使用甘精。

被使用于哪些食品

蜜饯类食品。

使用目的

赋予食品甜味，减少糖的使用。

甘精甜度为蔗糖之 250 倍，使用甘精可以减少糖的使用。

其他用途

人工合成调味剂，主要用于食品中，并无其他用途。

使用规定

食品中禁止添加甘精。

食用危害

1. 经动物实验，有诱发肿瘤的危险。

2. 三小时内可快速被血液吸收，但代谢出人体的速度缓慢，可能具有血液毒性。

3. 可能具有肝毒性。

※ 甘精因禁止食用，无容许摄入量。

对人体的危害

极毒。

致癌 YES 过敏 NO 急毒性 NO 代谢不易 YES

> ✚tips
> **小贴士 1**　虽然甘精不能使用，但还有多种的人工甜味剂可作为食品添加剂使用。依食品法规规定，食品中添加人工甜味剂必须标示于包装上，以作为消费者选购的参考。另一方面，包子、馒头等主食，依法不得添加人工甜味剂，但一般人对于淀粉经咀嚼产生的甜味与人工甜味剂产生的甜味无法分辨，因此选购相关产品应寻找可信任的店家。

 其他非法食品添加剂

〈 水杨酸 〉

非法用途 防腐剂。

被使用于哪些食品 酒、醋、糕点类（汤圆）。

使用目的 甲基水杨酸为食品中可使用的香料添加剂，但也具有抑菌效果，因此常被非法使用于防腐的目的。

使用规定 不得作为防腐剂使用。

引发危害 胃出血、肾脏障碍、视力模糊、呼吸急促及发高烧。对于长期过量食用水杨酸的老年人、婴幼儿及易药物过敏的病患容易产生危害。

〈 溴酸钾 〉

非法用途 品质改良用、酿造用及食品制造用剂。

被使用于哪些食品 面粉、面包、糕点。

使用目的 增加面团稳定性及面包体积。

使用规定 禁用。

引发危害 具致癌性。经动物实验发现容易导致肾脏肿瘤。

〈 铜盐 〉

非法用途 保色剂、品质改良用、酿造用及食品制造用剂。

被使用于哪些食品 粽叶、青豆、海带、皮蛋。

使用目的 保持及增加绿色、促进蛋白质凝固。

使用规定 禁用。

引发危害 呼吸系统、皮肤、眼睛疾病。食品中常见的铜盐为硫酸盐，硫酸盐浸泡过的粽叶较一般粽叶更具青绿色，在蒸煮过程中硫酸铜会从粽叶传送到内部的食物，被人体食用造成危害。

〈 一氧化碳 〉

非法用途 保色剂。

被使用于哪些食品 肉类食品。

使用目的 保持肉类的红色色泽。

使用规定 禁用。

引发危害 尚无危害资料。肉类食品添加一氧化碳可以保持肉品的色泽，使已变质且含过量微生物的肉类仍呈现鲜艳红色。虽对人体暂无危害，但有欺骗消费者的嫌疑，民众无法以颜色外观判断肉类的鲜度。

〈 氧化铅 〉

非法用途 品质改良用、酿造用及食品制造用剂。

被使用于哪些食品 皮蛋。

使用目的 促进蛋白质凝固。

使用规定 禁用。

引发危害 食欲不振、神经衰弱。长期食用可能影响肾功能及生殖系统、神经系统。

〈 香豆素 〉

非法用途 香料。

使用目的 饮料。

使用目的 增添风味。

使用规定 禁用。

引发危害 肝脏、肾脏毒性、具致癌性。经动物实验发现容易导致肝肿瘤、肺肿瘤。

〈 奶油黄 〉

非法用途 色素。

被使用于哪些食品 奶油、蛋糕、糖果。

使用目的 可加入奶油中增加黄色色泽。

使用规定 禁用。

引发危害 具致癌性。经动物实验发现容易导致肝肿瘤。

〈 瘦肉精 〉

非法用途 生长性动物用药。

被使用于哪些食品 猪、牛、鹅、火鸡等家畜或家禽。

使用目的 促使动物肌肉生长，增加瘦肉率和减少脂质堆积。

使用规定 禁用（注：在美国、加拿大、日本、澳洲、马来西亚等国，瘦肉精——莱克多巴胺是合法的动物使用药物。但是各国对肉品最大残留量的规定不一）。

引发危害 心悸、心跳加速、头晕、神经系统受损。过量食用易出现恶心、头晕、肌肉颤抖、心悸、血压上升等症状。

〈 三聚氰胺 〉

非法用途 蛋白质增加剂。

被使用于哪些食品 奶类制品。

使用目的 增加蛋白质含量。

使用规定 禁用。

引发危害 肾结石、肾功能受损。长期食用易形成肾结石,严重将导致肾衰竭。

〈 塑化剂 〉

非法用途 代替起云剂作为品质改良剂。

被使用于哪些食品 饮料、果冻、酸奶、果汁粉末、果酱。

使用目的 降低成本及增加产品的稳定度,帮助食品乳化及均质。

使用规定 禁用。

引发危害 具生殖毒性,可能致癌。干扰人体的内分泌机能,造成男性阴茎短小、隐睾症、女性性早熟,并提高罹癌风险。

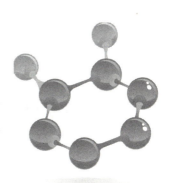

+tips
小贴士 1　**不属于食品级的添加剂：三聚氰胺及塑化剂**

　　三聚氰胺,俗称密胺或蛋白精,是一种无味、粉末状的白色化工原料,并不属于食品添加剂的一种。以 60 千克体重的成人为例,每天摄取 0.03 克以下尚不至对身体产生危害,但过量食入三聚氰胺可能形成肾结石,严重者会造成肾功能受损。世界各国均禁止食品添加三聚氰胺,除婴幼儿食品外,一般食品的残留标准为 2.5mg/kg。

　　塑化剂,又称为可塑剂,为塑胶工业的常用原料,也不属于食品添加剂,且食品中不得检出。因其成本低廉且性质稳定,被不良业者加入起云剂及香料等食品添加剂中。邻苯二甲酸脂类是一种环境激素,会干扰人体的内分泌机能,提高罹癌风险,且影响男性生殖系统发育及女童性早熟,对健康危害甚大。

第三节
食品中的环境污染残留物

因人口增长、城市发展、工业化，以及大量的农耕地开发、滥用化学药剂等因素，环境遭受破坏的程度远超过人类所想象，各种化学污染、空气污染、水污染等，不仅造成农药、抗生素、激素、戴奥辛、各类重金属等残留物污染环境，也通过空气、土壤、水、药剂等渠道侵入各种动物及植物身上，再经由食物链作用被人类食用，进而危害人体健康。

污染残留物一：农药

农民为了防治病虫害，增加农作物产量并改善农作物品质，而使用农药。一般来说，农药喷洒后约有 70% 附着在农作物上，20% 渗入土壤中，10% 散播至空气中。不过农药会随时间消散，或是通过微生物或化学作用而分解，因此有一定的安全采收期。但是农药的使用量过大或是采收时间点错误，都可能造成农药残留于农作物中。农药使用不当还会成为河川的污染源，对人类造成急性或慢性中毒、致癌、胎儿突变等危害。

中国即将进入"消费型社会"，而食品安全正是消费型社会的一个重要特征，也是一个成熟的消费型社会应有的制度保障。然而，我国的食品安全问题却屡屡发生，其中最大的危害则是被长期忽视的农药残留问题。

农药残留是指使用农药后，残存在植物体内、土壤和环境中的农药及其有毒代谢物的量。如果违反国家关于农药使用的规定，就会造成农药残留现象。一旦人们摄入含有农药毒性的食物，就会对人体健康造成重大损害。因此，重视农药残留，可以有效降低食品安全问题的发生，让人们吃得放心。

自从人类大量使用化学农药以来，各种农产品中的农药残留问题日益严重，给人类健康造成了威胁。那么，农药残留从何而来呢？

一是使用农药对作物的直接污染。施用农药后，农药会附着在作物表皮，进而渗透到作物组织内部。但是，通常情况下，过了一段时间，这些农药成分就会自动降解。但是，如果药剂性能稳定，或者收获过早，就会造成农药长期残留在作物体内。另外，用药次数越多、用药使用量越大、用药间隔时间越短，产品受到农药污染就越严重。

二是作物从污染环境中对农药的吸收。农药在施用时，直接降落在作物上的药量很少，大多都散落在了土壤里，或者漂移到了空气里，又或者随着水流进入了湖泊、江海中，进而造成严重的环境污染。有些农药不易被分解，就会长期存留在土壤中，进而被作物吸收，这就增大了作物的农药残留量。

三是由于食物链的作用使得农药在生物体内聚集。禽畜、鱼类体内的农药残留主要是因为摄入了大量受到农药污染的饲料，进而在体内聚集。

污染残留物二：动物用药品 ① 抗生素

抗生素是微生物或高等动植物在生活过程中，自我生成的一种能抵抗病原体或其他活性的一类次级代谢产物，这种化学物质对其他生活细胞的发育功能有一定干扰作用。现如今，所使用的抗生素大部分为提取物，甚至是合成或半合成的化合物，但是，我们要知道，当抗生素用于动物身上时，其残留也会给人休带来一定伤害。

很多人都知道，在养殖动物的过程中，抗生素的使用必不可少，不过，有关报道称，动物产品中所残留的抗生素，已经成为耐药菌产生的原因之一，也就是动物体内残留的抗生素进入人体，而人体内会逐渐形成一定抗药

菌。也许有人会问，为什么在养殖动物的过程中要使用抗生素？为什么动物产品中会发生一定的残留？那么，如果人食用了这些动物产品之后，会产生哪些危害呢？

〈 动物养殖使用抗生素 〉

在养殖动物的过程中，使用抗生素是必要的步骤，即便在发达国家，不管其养殖水平有多高，也必须要使用抗生素对一些疾病进行预防、治疗，如动物呼吸道感染、消化道感染及奶牛乳腺炎，这些都需要用到青霉素类、链霉素、庆大霉素等药物。

现如今，使用抗生素是对动物感染性疾病进行控制的重要手段，如果不采用抗生素来治疗，不仅动物会死，而且病菌也会在动物之中进行大规模传染，严重时甚至会威胁人类健康。

另外，少量使用抗菌药物，能有效促进动物的生长，还能提高饲料的转化率，在国外，大多数养殖业仍然把它们作为抗菌促长剂来使用。

〈 抗生素残留是否具有危害 〉

很多人认为，畜禽养殖业中使用抗生素一定会产生残留，其实并非这么绝对，关键在于科学合理的使用。所谓科学合理的使用，主要是指所使用的抗菌药物，必须是得到相关部门批准并允许使用的药物，在使用过程中要严格按照说明书使用，换句话说，就是要正确使用抗菌药物，不能滥用，这样药物残留危害也就不会产生。虽然畜禽养殖中，使用抗菌药物会使肉蛋奶中出现一定量残留，但是残留并非绝对有危害，只有达到一定程度时，才会危害人体健康。

污染残留物三：动物用药品 ② 激素

当植物性食品出现农药残留、化肥污染等问题时，动物性食品微生物污染、激素残留的问题也引起了公众的广泛关注。当激素残留超标的现象愈演愈烈，激素残留也成了食品安全的最大敌人。

激素，又叫荷尔蒙，对肌体的代谢、生长、发育和繁殖起着重要的调节作用。前几年闹得沸沸扬扬的奶粉激素事件早已成为盖棺定论的事实，那么，其他食品中是否同样含有激素呢，它们都从何而来呢？

〈 激素的不法使用 〉

食品中的激素主要来自两个方面：一是食品本身固有的内源性激素，例如很多女士喜欢喝豆浆补充雌性激素；二是人为添加的外源性激素，例如为了经济利益，给家禽或者养殖鱼类使用激素。

食品中含有激素实际上是个常见现象，给鸡、鸭、鱼、虾等喂养激素饲料，可以缩短其生长周期，降低生产成本，这就是受到利益驱使的结果。不仅动物性食品中含有激素，植物性食品中含有激素的现象同样屡见不鲜。例如，在蔬菜、水果中加入激素，可以让果蔬长得又快又好，提前上市就能卖个好价格，进而提升经济效益。这就是为什么，一些水果看起来很成熟，吃起来没味的原因。

〈 肉食中残留激素 〉

我国明文规定，动物养殖过程中禁止使用化学激素。然而，速冻鸡、避孕药鳝鱼等早已成为公众在购买食材时，会担忧的问题。相比植物激素而言，肉食中的激素残留更应值得注意。

动物体内激素的分布与残留，和激素药物的投放顺序以及喂养方式，还有药物的种类都有直接的关联。一般而言，代谢作用强的肝脏和肾脏中的激素浓度较高。而在鸡蛋中，则主要聚集在卵黄中。激素进入动物体内后，会随着时间的延长相应排出，从而降低体内药物的浓度。然而，一些养殖业者不顾激素的使用时限，只要使用过激素的家禽家畜长壮了长肥了，就会屠宰销售。如此一来，肉食中的激素残留问题就会相对严重许多。

 ## 污染残留物四：戴奥辛

> 　　戴奥辛属于一类持久性污染物质，它是多氯双苯戴奥辛及多氯双苯喃系列的化合物。戴奥辛具有较强毒性，微量暴露被人体吸入时，会对身体健康产生严重危害，并且有致命的危险，所以，它也逐渐走进了人们的视线。

　　戴奥辛是工业制程中排放的，尤其是炼钢厂、沥青拌和厂、水泥窑炉等。除此之外，焚化废弃物、火灾、抽烟，甚至火山爆发和森林火灾等燃烧现象，也都会产生戴奥辛。

　　世界卫生组织及美国环保署已经把戴奥辛划分到可能的人类致癌物，戴奥辛给人体带来的危害，常见症状为氯痤疮、损害肝脏和免疫系统，影响酵素的运作功能，导致消化不良、肌肉或关节疼痛，严重时甚至会使孕妇流产或产下畸形胎等。

　　一般情况下，戴奥辛是一种通称，戴奥辛是化学结构相似的混合物，其构造比较特殊，而这种特殊的额构造会让它们在环境中更为稳定，容易和油脂相结合，一旦进入动物体内，很难排出来，所以，戴奥辛很容易在体积较大的动物的体内累积，当人类以含有这种物质的动物为食，长期如此，这种物质也会在人体内部累积，对人体健康产生危害。

　　戴奥辛不仅仅存在于空气中，也存在于土壤和底泥中，无论是吸入人体还是摄入人体，都会对我们的健康产生影响。其中，食物是戴奥辛对人类健康产生严重影响的主要来源，一般情况下，人通过食物所摄取的戴奥辛可以达 90% 以上，大多数来自于鱼、肉类和牛乳等高脂肪食物，在日积月累中，这种物质逐渐在人体内部积存，最终产生慢性毒害作用。不过，大部分人体内部或多或少都会含有少量的戴奥辛，只不过量并不高，所以，对人体健康不会有太大的影响。世界卫生组织 (WHO) 建议每人每日容许摄取量为 1 ～ 4 皮克 / 仟克体重（一皮克 =10-12 克），所以，如果以体重为 60 公斤的成年人来讲，每天最高容许的摄取量不能超过 240 皮克，否则会影响健康。

污染残留物五：多氯联苯

多氯联苯也被称为氯化联苯，属于致癌物质，容易在脂肪组织积累，也会影响神经、生殖及免疫系统，甚至会引起脑部、皮肤及内脏方面的疾病，所以，要警惕这种物质在食物中的残留。

多氯联苯在环境中有很高的残留性，有关专家称，从 1930 年以来，全世界多氯联苯的累及产量大约为 100 万吨，其中大部分进入了垃圾堆放场和被填埋，相对来说，它们比较稳定，而且释放速度比较慢，其余部分则通过其他途径进入到我们生存的环境中，比如，多氯联苯会随着工业废水进入到河流或沿岸的水体中，也会通过非密闭系统的渗漏以及在垃圾堆放场堆放，在多种因素的作用下，随之进入到我们生存的环境中，除此之外，焚烧含有多氯联苯物质时，也会随着气体扩散到大气中，进入环境当中的多氯联苯最终沉积到了河流沿岸水体的底泥中，只有很少一部分在生物作用和光解作用之下产生转化。

多氯联苯在人体内部有较强的蓄积性，并且会通过食物链而逐渐富集，当水中含有 0.01 个单位的多氯联苯时，那么，鱼体内部多氯联苯的蓄积会是水中浓度的 20 万倍，所以，食鱼性鸟、兽体内的蓄积浓度比较高。海中的一些大鱼，如鲨鱼、海豹，和空中的一些大鸟，如比较凶猛的猛禽，这些动物的体内，多氯联苯的浓度会比周围环境高出 10.7 ～ 10.8 倍。科学家曾经从南极企鹅、北极海豹的体内都检测出多氯联苯，由此可见，多氯联苯污染问题已经成为全球性的问题。

当人受到多氯联苯影响时，会产生的一些表现症状，如痤疮增皮疹，眼睑水肿和眼分泌物增多，除此之外，还包括皮肤、黏膜、指甲色素沉着，黄疸，四肢麻木，胃肠道功能紊乱等。而一些长时间接触多氯联苯的工作人员，其身上的症状更为明显，尤其以脸部和手指最为明显。如果为全身中毒的话，那么会表现为嗜睡、全身无力、食欲不振、恶心、腹胀、腹痛、肝肿大、黄疸、腹水、水肿、月经不调、性欲减退等，另外，身体内部的肝功能和血浆蛋白也会出现异常。

 ## 污染残留物六：重金属 ① 汞

汞，也就是我们所说的水银，它是一种重金属元素，在自然界的分布比较广泛，而且有较强的毒性。汞会以各种不同的化学形态进入环境中，对空气、水质、土壤产生污染，进而对食品产生污染，所以，汞这种重金属物质会对人类的饮食安全造成直接威胁，如果长时间食用被汞污染的食物，会发生慢性汞中毒事件。

汞的化学存在形式直接影响汞的毒性，元素汞不会被吸收，而无机汞也不容易被吸收，毒性强度较弱，但是，如果在较短时间内，摄入大量无机汞盐的话，会对人体的肾脏产生的一定损害。而有机汞正好和无机汞相反，其更容易被吸收，而且毒性比较大，其中的毒性最强的汞形态为甲基汞，它是汞和有机物质相结合而形成的，这种物质的90% ～ 100% 都会被吸收。人体长时间接触有机汞，会损害人体中枢神经系统等。植物性食品中的汞，主要是无机汞，水产品中的汞，主要为甲基汞形式，而甲基汞最重要的来源就是鱼类和其他海产品。

上世纪 50 年代，日本曾经发生过的水俣病，原因主要在于，食品被汞污染，摄入人体的之后最终引起了疾病，从此之后，重金属环境污染导致食源性危害的问题也被人们逐渐重视起来，随着经济不断向前发展，环境问题也日益严峻，重金属的污染问题也随之越发严重。如工业废水的排放，地表水体被污染，进而导致水产质量下降。相关资料显示，现如今排放到环境中的汞含量呈逐年上升趋势，水、土壤、大气中的汞含量也不断提高。

众所周知，汞元素这种重金属的危害性比较大，随着现如今工业含汞三废的排出、农村耕作过程中对含汞化肥和农药的不合理使用，以及其他一些因素，使得食品中汞污染问题逐渐变的严重起来，所以，现如今对食品中汞污染及其他有害重金属污染的监测也变成了当前重要的工作。

 污染残留物七：重金属 ② 铅

　　说起铅，很多人并不陌生，它也是一种比较常见的重金属物质，它广泛存在于我们生存的环境中。原本铅污染针对环境比较明显，但是随着科技发展，铅逐渐被运用到食品加工业的防腐剂及护肤美容品等方面，所以，由铅这种重金属所引发的食品安全问题也日益变得严峻起来。

铅是一种重金属物质，它具有较强毒性，当人体中含有较多铅时，会对人体内部器官造成严重危害，尤其是人体的肺、肾脏、生殖系统、心血管系统。

食品中的铅来自很多方面，不仅有动植物原料、食品添加剂等，还包括了食物在接触食品管道、容器、包装材料、器具和涂料等，这些都会使铅进入到食物中。除此之外，一些行业中也都用到了铅及化合物，而这些铅绝大多数以不同形式排放到环境中形成一定污染，进而造成食品铅污染，这些行业包括冶炼、蓄电池、采矿、交通运输、印刷、涂料、焊接、塑料、陶瓷、橡胶、农药等，具体来讲，主要分为以下几种情况。

1. 在加工制作工程中受到污染，如爆米花在加工过程中，容易受到铁罐制作机中的铅污染，其含铅量高达 20mg/kg，是食品卫生标准的 40 倍；松花蛋腌制过程中，含铅量高达 2mg/kg。除此之外，罐装食品或饮料也含有一定量铅，尤其是酸性食品。

2. 包装、储存不当导致铅污染。如采用锡壶盛酒或烫酒，要知道锡壶含铅量高达 10% ～ 15%。而且铅是一种容易溶于酒精的物质。除此之外，搪瓷或陶瓷品盛放醋、果汁、葡萄酒等，也可以从釉层中析出铅来。用聚乙烯塑料或用彩色印刷的报刊来包装食品，都会导致铅污染。

3. 工业废水、废气、废渣的排放，也是造成污染的主要途径。当铅以气溶胶形态扩散到大气中，经过自然沉降和降水，最终进入土壤，种在上面的农作物经由根系吸收土壤中的重金属，或者通过叶片从大气中吸取铅元素，这些都会导致作物富含铅，而这些食品最终被端上人们的餐桌，进而危害人体健康。

4. 农业种植过程中所施用的农药和化肥也是造成污染的一个重要途径。

 污染残留物八：重金属 ③ 镉

很多人一看到"镉"，也许首先想起的就是大米，镉大米事件曾经让人惴惴不安了好长一段时间。镉和锌、铅同属于本家，都是重金属，当这些重金属在人体内部积累达到一定量时，就容易产生慢性中毒。

镉污染主要来自于电镀、采矿、冶炼、染料、电池和化学工业等排放的废水。当用被污染的水源浇灌农作物时，食物中就会含有镉这种重金属元素。另外，用于农作物的磷肥中含有磷矿石，这种物质和镉相伴而生，想要分开他俩，成本比较高。当化肥渗入土壤中，镉不断积累，最终导致土壤含镉超标。

镉对人体的危害是不言而喻的，不过，危害程度要根据摄入方式来进行衡量。如果是经由大米"长期小剂量"摄入，在这种慢性作用下，最终的受害部位是肾脏和骨骼。情况严重时，甚至可能引起肾衰竭；镉对骨骼的影响，容易形成骨软化和骨质疏松，所以，镉对人体的伤害是不言而喻的。

不过，镉对人体的危害，主要依据人体摄入镉量的大小，对于人体镉的安全摄入量，国际粮农组织和世界卫生组织曾经给出了一定标准，两个组织暂定的镉每周的耐受量为 7μg/kg 体重，也就是说一个体重为 60 公斤的成年人，每天摄入镉的量不能超过 60μg，如果在这一范围则是安全的，如果超过了这一范围，那么就会对身体产生一定危害。

因为镉污染主要是通过植物根系，对镉金属进行吸收，然后转化到植物内，所以，被镉污染的生菜、莴苣，如果被人体摄入之后，很容易产生中毒，即便偷一次懒，带着皮一起吃水果，也不能幸免。随着科技不断发展，电镀、采矿、冶炼、燃料、电池和化学工业也随时兴盛起来，这些产业在生产的过程中，会产生大量污水，为了保护环境，为了人类的健康，一定要重视排污管控和污水净化，否则，这些产业所在地方的河水、土壤就容易聚集大量镉，这种情况下，人类健康很容易受到影响。

污染残留物九：重金属 ④ 砷

多种重金属严重危害人类健康，这是不争的事实，随着现代科技不断发展，化工产业也随之产生，这些产业在推动社会发展的同时，也给环境带来了负担，废气、废水、废物的排放，不仅污染了环境，也影响人们的身体健康，重金属砷带来的影响，就是其中的一项。

鱿鱼作为来自海洋的美味，它原本是人们喜欢的食物，但是，当从鱿鱼干零食中检查发现砷的存在，人们对这种美味也逐渐敬而远之了，为什么鱿鱼中会发生砷的存在，砷又是一种什么样的重金属呢？

砷是蕴藏在地壳中的一种天然重金属，而且石头、土壤、水和空气中都会含有一定量砷。而从人体中所发现的砷，主要来自于食物，尤其是砷含量较高的水产品。除此之外，空气中的砷也会通过呼吸和皮肤进入到人体中，不过，这一途径摄入的砷所占比重较小，甚至微不足道，其中，最主要的途径就是通过食物对砷的摄入，那么，砷是如何影响人体健康的呢？

在大自然中，砷是一种比较普遍的物质，而且大多数砷化合物可以溶于水中，最终通过食物链进入人体，所以，很多不同种类的食物可能会含小量的砷。砷在食物中主要有两种形态，一种是有机形态，另外一种就是无机形态，而无机形态的毒性比较强烈。当含有砷的污水及污染物进入海洋中，海洋中的鱼类及海产，其体内就会大量砷。而在陆地上，植物中砷的含量主要取决于土壤、水，空气中砷含量。

一项调查研究显示，人体内重金属的摄取量，海产是我们摄取无机砷的最主要来源，然后依次为鱼类、谷类及其制品、蔬菜、肉类及其制品和奶类及其制品，由此可见，海产是人类摄取砷最重要的食物来源。

当人体摄入大量砷时，会产生慢性砷中毒，主要病症为皮肤损伤、神经受损、皮肤癌及血管病变，而且世界卫生组织属下国际癌症研究机构，已经把饮用水中的砷，列入到会令人患癌症的物质中，由此可见，砷已经成为危害人体健康的一个重要因素。

了解食品添加剂的安全性

近年来，添加剂频繁地出现这样在人们的视线中，但近年来出现的食品安全时间让人们不得不产生这样的疑问，食品添加剂是安全的吗？食品安全直接关系到每个人的健康问题，素以即使我们给予食品添加剂更多的关注也不为过，那么我们怎么才能确定食品添加剂安全与否呢？

只有食品添加剂是安全的，用在食物中才不会给食物带来问题，而作为食品生产中一个很重要的成分，国家在食品添加剂的使用方面做了很严格的规定，只要生产商能根据规定使用，那么食品添加剂就是安全的，是不会给人体造成损害的。但如果食品添加剂被滥用，那么它就安全性就不好说了。

〈 添加剂使用量的规定 〉

人体摄入添加剂有一个很重要的说法就是"剂量决定毒性"，就是说摄入的越多，毒性就会越大。什么东西吃多了对人体都不会有好的影响，添加剂当然也是如此。

鉴于我们不能像吃食物一样摄入添加剂，所以相关组织规定了一个添加剂每天允许摄入量，就是说，人体终生持续摄入某种添加剂，对健康不可引起可察觉到有害作用。那么这个值是怎么得到的呢？当然，这种事情不可能在人的身上做实验，但科学家可以通过在动物身上做实验得出。考虑到人和动物在抵抗力和敏感度上的差别，为了安全起见，就在得出动物所需要的量中减少100倍，也就是说，人的安全剂量是动物实验数值的1/100。但每日允许的摄入量又是以体重为标准，就是每千克体重允许一定剂量的摄入，也就说，每个人的摄入量可以再乘以人的体重。

〈 使用食品添加剂的安全性 〉

随着人们对生活品质要求的提高，人们更加追求自然、健康的生活，所以人们都希望食品中不要使用添加剂，但事实上若是没有添加剂，那么我们的生活将会少很多乐趣。

那么制作食品的哪些情况会用到添加剂呢？

1. 保持或提高食品的营养价值。有些食品的部分营养在加工的过程中会损失，那么就可以用　些添加剂来保持食物营养的平衡，或者给这种食物补充一些营养，使食物能更好地满足食品人们的需要。

2. 食品中必要的配料或成分。例如口香糖中会添加一些木糖醇，可以防止龋齿。

3. 为了提高食物的质量和稳定性。比如生产啤酒用的发泡剂，生产冰激凌时使用的单甘脂和羟甲基纤维素钠作为乳化剂和稳定剂等。

4. 便于食品的生产、加工、包装、运输等。比如在食品中添加防腐剂，延长食品的保质期等。

既然有很多人担心使用食品添加剂会有安全问题，那就说明还是有这个可能性，那么怎么使用食品添加剂才是安全的呢？其实不管是哪种添加剂，只要是国家允许使用的，本身的质量符合国家的标准，而且使用的时候不滥用，那就能保证食品的安全性。

但在有些情况下使用食品添加剂还是会给食品带来安全问题。比如超范围使用，超标准使用；有些使用的情况没有注明；为了掩盖食品的缺陷、掩盖食品变质变质而使用；以掺假、伪造等目标是使用；使用不符合质量标准的添加剂；使用过期的食品添加剂。

〈 添加剂是否安全的问题 〉

食品添加剂差不多都是有一定毒性的，而在确定添加剂可以用到食品中之前，都会对它们进行试验，以便确定它们不会对人的健康带来损害。

1. 急性毒性试验。就是在短时间内一次或多次给予实验动物一定剂量的受试物，了解实验动物的毒性反应、中毒剂量和致死剂量，以此来得出人摄入这些物质之后的反应，如果动物在一定剂量下是安全的，那么说明在一定的剂量之内，人的安全也会有保障。

2. 遗传毒性实验。这就说让用于实验的动物繁殖，然后观察它们的下一代有没有受到它们体内的残留物的影响，有没有遗传病变或者致癌作用。如果有的话，那就说明这种物质有很强的遗传药性，就不能食用。

3. 亚慢性毒性试验。这个过程比较长，因为是慢性毒性，就要了解受试动物在一段时间内有没有受到药性影响。这段时间内不仅要了解它们的遗传毒性，还要观察它们的代谢情况，了解那些物质的确切毒性。这个试验的时间一般为 3 个月。

4. 慢性毒性试验。这个试验也包括致癌试验，而且过程会更加漫长，一般会贯穿受试验的动物整个生命期或者大部分生命期，有的甚至是几代生命的试验。如果毒理性试验通过了这个时期，那么就可以考虑将这种添加物用于食品添加，之后就是规定其使用范围和使用量。

也就是说，食品添加剂是经过科学家慎重试验之后才确定使用的，如果按照规范使用，是不会有安全问题的。有人会问，即使吃一点添加剂没有问题，但若是相同的食物吃多了，食品添加剂会不会在体内累积呢？其实这个问题科学家们早已想到了，就是说，就算因为食物吃得多了而导致体内的某种添加剂偶尔超标，但只要后面几天内都是正常的，也不会给健康带来问题。

所以说，大家不用一听说食品添加剂就有抗拒的情绪，因为只要是正规生产的食品都不会有什么安全问题。

 食品污染怎样控制

〈 铅、镉、汞等 13 种化学性危害物质要有严格限量 〉

2013 年卫生部发布新版《食品中污染物限量》，并从本年 6 月 1 日正式施行。

新标准清理了以往食品标准中限量规定的所有污染物，整合为铅、镉、汞、砷等 13 种污染物。所涉食品包括谷物、蔬菜、水果、肉类、水产品、调味品等 20 余大类。删除了硒、铝、氟等 3 项指标，共设定 160 余个限量指标。新标准基本满足我国食品污染物控制需求。食品污染物是食品从生产、加工、包装、贮存、运输、销售、直至食用等过程中产生的或由环境污染带入的、非有意加入的化学性危害物质。新标准不包括农药残留、兽药残留、生物毒素和放射性物质限量指标，相关食品安全国家标准另行制定。

〈 中外标准为何不一 〉

膳食结构决定限量标准，我国大米消费多，镉限量更严。所以修订后的新标准，大米含镉限量继续严于国际标准。对此，卫生部专家指出，按照世贸组织相关协议规定，各国可以根据风险评估结果、食品消费及膳食结构不同等情况，制定不同的安全标准。

中国人膳食结构和国外不一样，污染物的限量标准不会完全与国际标准相同。例如，大米中的镉限量，国际标准是 0.4 毫克 / 千克，我国标准是 0.2 毫克 / 千克，比国际标准严格。这是根据我国居民膳食中大米镉的风险评估结果来制定的。通俗来讲，就是因为中国人食用的大米比外国人多。

〈 三种元素何以删除 〉

新版食品中污染物限量标准的控制对象，为何删除了硒、铝、氟三种元素？

专家表示，硒、铝、氟是人体必需微量元素，过量硒摄入也会对人体产生不良健康效应。但由于实际情况的变化，有的已无需作为食品污染物进行控制，有的适用于其他管理范围。

例如，除极个别地区外，我国大部分地区是硒缺乏地区。数据显示，各类地区居民硒摄入量较低，地方性硒中毒得到了很好控制，多年来未发现硒中毒现象。硒限量标准在控制硒中毒方面的作用已经有限。

对于铝，《食品添加剂使用标准》已明确规定了面制品中含铝食品添加剂的使用范围、用量和残留量，此次不再重复设置铝限量规定。

另外，随着对氟研究的不断深入，国际上普遍不再将氟作为食品污染物管理。因此，新标准取消了氟限量规定。

专题：了解转基因食品

什么是转基因食品

所谓转基因食品，就是利用生物技术，将某些生物的基因转移到其他物种中去，改造生物的遗传物质，使其在性状、营养品质、消费品质等方面向人类所需要的目标转变，以转基因生物为直接食品或为原料加工生产的食品就是转基因食品。

转基因食品的分类

【植物性转基因食品】

番茄是日常生活中常见的果蔬，但是其不耐贮藏。为了解决番茄的贮藏问题，利用基因工程的方法培育出了可以抑制衰老激素乙烯生物合成的番茄新品种。这种番茄抗衰老，抗软化，耐贮藏，能长途运输，可减少加工生产及运输中的浪费。

玉米是主要食物来源，但是玉米生长容易受鳞翅目昆虫威胁，为了抵御病虫害，科学家向玉米中转入一种来自于苏云金杆菌的基因，它仅能导致鳞翅目昆虫死亡，因为只有鳞翅目昆虫有这种基因编码的蛋白质的特异受体，而人类及其他的动物、昆虫均没有这样的受体，所以培育出抗虫玉米对人无毒害作用，但能抗虫。

【动物性转基因食品】

动物性转基因食品还没有商业化生产，大多数正处于研究状态。比如，在牛体内转入某些具有特定功能的人的基因，就可以利用牛乳生产基因工程药物，用于人类疾病的治疗。

【转基因微生物食品】

微生物是转基因最常用的转化材料，故转基因微生物比较容易培育，应用也最广泛。例如，生产奶酪的凝乳酶，以往只能从杀死的小牛的胃中才能取出，现在利用转基因微生物已能够使凝乳酶在体外大量产生，避免了小牛的无辜死亡，也降低了生产成本。

【转基因特殊食品】

转基因食品能否提供人类特殊的营养或辅助治疗人类的疾病是科学界关注的一个重要领域，许多科学家在开展这方面的研究。如科学家利用生物遗传工程，将普通的蔬菜、水果、粮食等农作物，变成能预防疾病的神奇的"疫苗食品"，使人们在品尝鲜果美味的同时，达到防病的目的。科学家培育出了一种能预防霍乱的苜蓿植物。用这种苜蓿来喂小白鼠，能使小白鼠的抗病能力大大增强。而且这种霍乱抗原，能经受胃酸的腐蚀而不被破坏，并能激发人体对霍乱的免疫能力。这种食品还处于试验阶段。

— 转基因食品的代表 —

1. 木瓜

转基因木瓜：据悉，市场上卖的95%以上的木瓜都是，这或许出乎很多人的想象。

2. 大豆及豆制品（包含大豆油）

非转基因大豆：为椭圆形状，有点扁。肚脐为浅褐色。豆大小不一。打出来的豆浆为乳白色

转基因大豆：为圆形，滚圆。肚脐为黄色或黄褐色。豆大小差不多。打出来的豆浆有点黄，用此豆制作的豆腐什么的都有点黄色。

3. 胡萝卜

非转基因胡萝卜：表面凸凹不平，一般不太直，从头部到尾部是从粗到细的。且头部是往外凸出来的。

转基因胡萝卜：表面相对较光滑，一般是直的，它的尾部有时比中间还粗。且头部是往内凹的。

注：胡萝卜只有在秋冬季节有，夏季的一般是转基因的。

4. 土豆

非转基因土豆：样子比较难看，一般颜色比较深，表面坑坑洼洼的，同时表皮颜色不规则，削皮之后，其表面很快会颜色变深，皮内为白色。

转基因土豆：表面光滑，坑坑洼洼很浅，颜色比较淡。削皮之后，其表面无明显变化。

检验方法：先削皮后看变化再决定吃不吃。

5. 番茄、圣女果

转基因番茄颜色偏红，其中转入了抗癌物质。

圣女果都不是转基因。

6. 部分水稻及大米

在国内取得转基因大米合法种植权的地区是湖北，要警惕细长的很亮的米。容易与东北"长粒香"混淆。

7. 小麦与面粉

转基因小麦子粒色白透明发亮，全角质，属硬质强筋优质面包小麦品种，特优转基因 9506 小麦 2008 年在安徽面世，面粉中还有漂白剂、滑石粉混在里面，就更难识别。

8. 玉米及玉米油

2011 年国内转基因棉花种植比例高达 71.5%，国内批准的国产转基因棉花品种太多，至少数百。

转基因玉米：甜脆、饱满、休形优美、头颗粒尾差不多，俗称甜玉米，全部进口玉米基本都为转基因玉米。

转基因玉米油：在超市购买玉米油时，一定要仔细看标签，是否标有转基因字样。

9. 菜子及菜子油

转基因菜子出油率高，目前国家已经确认的是黄子油菜渝黄 1 号和2号。

非转转基因菜子是指我国原先有的一些菜子品种，这种菜子产量要低些，出油率低些。

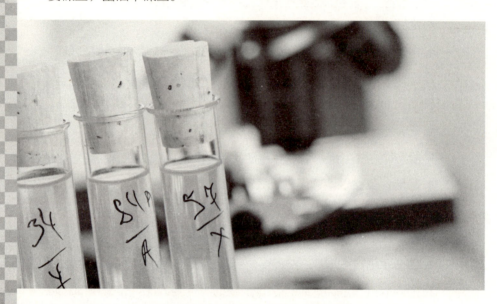

转基因食品对人体的危害

第一，转基因违反自然，因而是有害的。支持派则反驳说，现今的各种庄稼早已不是原始品种，否则人们吃的蔬菜就该跟动物吃的草一样。

第二，植物里引入了具有抗除草剂或毒杀害虫功能的基因后，它们所提供的食物对人体是否安全？对这一点，支持派强调，迄今为止并无够资格的研究机构发现转基因食品危害人体健康的证据，但他们对长远的影响还只能作推论，一时难以取得全面的证据以服人。

第三，过于匆忙地推广转基因植物是否可能影响农业和生态环境？推广抗除草剂的转基因作物可能助长农民过量使用除草剂，从而使一些非主要作物受到伤害甚至灭绝。很多发展中国家的农民一直把这类非主要作物当做补充食物或作为饲料。美国渔类和野生动物管理署已发现有74种植物品种受除草剂影响而濒临灭绝。

— 转基因食品对环境的危害 —

转基因技术有可能造成生物污染。有的生物技术公司为了保护自己的知识产权，对销售给农民的转基因种子作了"绝育"处理。印第安纳大学生物系副教授玛莎·克劳奇的研究表明，这种绝育基因有可能在无意中使其他作物也变成不育。

— 转基因食品对其他植物品种的危害 —

有特殊功能的基因"流窜"到相近的野生植物品系中去，使之具有抗除草剂的能力而难以控制；或者使害虫体内产生抵御杀虫剂的抗体。另外，有些小生物吃了具杀虫功能的转基因植物可能灭绝。支持派则指出，农业生产本身是一种有损环境的活动，转基因作物对环境的损害不会比传统农业更大。植物自身具备了抗虫能力，农民可以减少喷洒杀虫剂，对环境和生物保护是有利的。

这类争论在短时间内不易得出结论。关于转基因作物的争议应该说是一种正常现象。首先是新开发的品种本身还不完善，其于人体和环境的中长期影响尚待观察，人们表示担忧是有正当理由。其次，总会有一些意识保守的人对新科技产物不习惯，拒绝接受。再有就是受贸易利益冲突的影响，一些国家的政府和利益集团利用转基因食品的不够完善而大打贸易战，使事情变得更复杂了。

— 转基因农作物对可持续发展的贡献 —

1. 促进粮食、饲料、纤维安全及产量，提高生产力和经济利益，提供更多实惠粮食

转基因作物在 (1996 年至 2010 年)15 年期间在全球产生了大约 780 亿美元的农业经济收益,其中 40% 是由于减少生产成本 (耕犁更少、杀虫剂喷洒更少以及劳动力更少) 所得的收益,60% 来自 2.76 亿吨可

观的产量收益。其中 2010 年的总收益的 76% 是由于增加产量 (4410 万吨)，而 24% 是由于减少生产成本。

2. 保护生物多样性，节约耕地

转基因作物是一种节约耕地的技术，可在目前 15 亿公顷耕地上获得更高的生产率，并因此有助于防止砍伐森林和保护生物多样性。发展中国家每年流失大约 1300 万公顷富有生物多样性的热带雨林。如果在 1996 年至 2010 年间转基因作物没有产出 2.76 亿吨额外的粮食、饲料和纤维，那么需要增加 9100 万公顷土地种植传统作物以获得相同产量，这额外的 9100 万公顷中的一部分将极有可能需要耕作生态脆弱的贫瘠土地和砍伐富有生物多样性的热带雨林。

3. 减少贫穷和饥饿

到目前为止，转基因棉花已经在中国、印度、巴基斯坦、布基纳法索及南非等发展中国家为 1500 万资源贫乏的小农户的收入做出了重要贡献，并且这一贡献在今后还将继续增强。

4. 减少农业的环境影响

传统农业对环境有严重影响，使用生物技术能够减少这种影响。迄今为止的进展包括：显著减少杀虫剂喷洒，节约矿物燃料，通过不耕或少耕地减少二氧化碳排放，通过使用耐除草剂转基因作物实现免耕、保持水土。

5. 有助于减少温室气体的排放

首先，通过减少使用矿物燃料、杀虫剂和除草剂，永久性地减少二氧化碳的排放，2010 年预计减少了 17 亿公斤二氧化碳排放 (相当于路上行驶汽车的数量减少了 80 万辆)；其次，由于转基因粮食、饲料以及纤维作物保护性耕作 (由耐除草剂转基因作物带来的少耕或免耕)，使得 2010 年额外的土壤碳吸收了相当于 176 亿公斤的二氧化碳或相当于减少 790 万辆路上行驶的汽车。因此在 2010 年，通过吸收方式，永久性和额外地减少了共计 190 亿公斤的二氧化碳，或减少了 900 万辆路上行驶的汽车。

第二章
安心选、健康吃有方法

　　面对层出不穷的饮食危机，如何安全选购、安心享受食物的好滋味，是每日饮食必须留意的重点。了解食物的类型、成分与保存环境，学会辨识食品包装上的重要信息，扎实掌握去除非食物危险因子的处理方法，才能降低饮食风险，做好个人的健康管理。

食品选购基本原则

食物在加工、制造到出售的过程中可能因制造污染、加入非法的食品添加剂、保存方式不当等因素，危害人体健康，懂得正确选购食品，才能在第一步做好把关，降低受不良食品危害的风险。

〈包装食品的选购原则〉

所谓包装食品是指以容器或包裹物（如包装袋、保鲜封膜等）将食品密封在内，并且在外包装上贴有食品标签，不属于散装或分装的食品。例如休闲零食、盒装牛奶、香肠或腊肉、罐头、瓶装饮料、冷冻食品，罐装调味料、微波食品等。选购包装食品有以下四大原则：

1. 包装完整

为了确保食品在出售时能够合乎卫生条件与品质稳定，避免在运送与出售过程中遭受污染，保持食品的新鲜度与延长保存期限，商家通常会将食品包装在容器中，因此，购买包装食品时，要先查看包装是否完整，若发现已拆封、破损，或是罐头类食品发生膨罐，请勿购买。

2. 看清楚食品标签

食品标签就如同食物的身份证，作为选购的判断信息。依据《食品卫生法》规定有容器或包装的食品，应于包装上清楚标示品名、内容物、重量或容量、食品添加剂、营养标示、产地、保存条件和保质期，卫生机关还会要求标示厂商的名称、电话、地址，即使是进口食品也要标示国内负责厂商的名称、电话、地址等明确信息，万一食品出现问题，才能请厂商负责。

3. 注意保存日期

依照《食品卫生法》规定，凡是有包装的食品都应该标示"保质期"，且加注"保质期至……""最好在……之前饮用""保质期 XX 个月"的字样以方便消费者分辨，不论是何种标示方式，皆要有明确的日期标示才能保障消费者的食用安全。

4. 选购有合格标志的食品

附有合格标志的食品代表其品质经过政府单位或具公信力的认证机构检测及管理，可作为消费者安心选购的依据。常见的标志有：QS 标志、绿色食品标志、中国有机产品标志、农公害农产品标志、地理标志产品、保健食品标志以及本企业通过 ISO9001/ISO14001/HACCP 认证灯标志。QS 是食品"质量安全"（Quality Safety）的英文缩写，QS 标志带有 QS 标志的产品说明此产品经过强制性的检验合格，准许进入市场销售。本企业通过 ISO9001/ISO14001/HACCP 认证，食品包装上有此字样，代表企业的质量、环境、食品安全管理体系符合国际标准的要求，企业有能力保证稳定生产质量合格的产品、保障食品安全，或对环境友好。

〈 包装食品选购流程 〉

1. 注意包装完整。购买包装食品时，包装要完整，查看是否有已拆封或破损、膨罐等情形。包装若破损，食品可能变质或遭受污染，食用后影响健康。

2. 注意食品标签。业者要在包装食品上清楚标示厂商与食品的信息，以确保消费者权益。来路不明的食品，安全无保障，万一食品发现问题，也无法请厂商负责。

3. 注意保存日期。包装食品皆要标示保存日期，注意标示方式，确保消费者的食用安全。买到过期的食品，食品风味可能已变质，严重时影响健康。

4. 选购有合格标志的食品。包装食品常见标志有 QS 标志及 ISO、HACCP 认证标志。合格标志可以让消费者吃得安心。购买无合格标志的食品，小心吃到黑心食品，伤身又伤荷包。

〈 生鲜食品选购流程 〉

1. 注意购买环境。无论是传统市场、超市，都要注意选购环境，卫生条件可靠或具知名度的店家是首选。在环境不佳的地点所购买的食材，易遭受细菌或人为污染。

2. 注意食品保存条件。食品存放环境影响食材的新鲜度与卫生，需冷藏或冷冻的食品，更要留意其存放温度。保存条件不好的食品，易提早变质或滋生病菌。

3. 辨别食物外观。"看颜色、闻味道、挑外观"是挑选生鲜食品的诀窍。颜色不自然、有异味、外观有异的食物，通常不新鲜或品质不佳，食用可能影响健康。

4. 选购有合格标志的食品。生鲜食品常见标章有肉品产品检疫合格印章、肉品品质检验合格印章、"中国有机产品"标志、"绿色食品"标志、"中国良好农业规范"认证等。无合格标章的食品，可能来源不明、作业过程无保障，农药或抗生素残留的机会大。

+tips 小贴士 1　要留意特价食品的保存日期

部分业者会把即将超过保存日期的食品，用低价促销或是另类销售的手法吸引消费者购买，因此购买时要特别注意保存日期剩下多久，衡量家里的需要量后，再决定采购的数量，以便能在期限内食用完毕，保障食品的新鲜与品质，避免造成浪费。

〈 生鲜食品的选购原则 〉

所谓"生鲜食品"是指非经过加工处理的新鲜食材，例如食用米、新鲜蔬菜、水果、鸡肉、猪肉、海鲜、鸡蛋等。选购生鲜食品有以下四大原则：

1. 注意购买环境

常见出售生鲜食品的地方为批发市场、生鲜超市、传统市场等，很多家庭主妇习惯在传统市场购买生鲜食品，虽然传统市场产品新鲜、便宜、种类繁多，但大多数食材欠缺明确的食品标示或认证标志，因此选购时要注意环境卫生与选择优良店家，以免买到来源不明的黑心食品。批发市场与生鲜超市的整体环境设备较佳，大部分的食品几乎经过包装，选购时除了要注意食材的新鲜度外，也要注意食品标签、合格标志及包装是否完整等条件。

2. 注意食物的保存条件

传统市场没有空调，因此购买生鲜食品要注意食品是否需要冷藏、冷冻，部分店家会备有冰箱或冰块以保持食材新鲜，批发市场与生鲜超市则有冷藏区与冷冻区供消费者挑选，但都要留意购买环境的冷藏或冷冻温度是否达到标准值。通常肉类的冷藏温度以保持在4℃以下为佳，一般蔬果的冷藏温度为0℃～10℃，而冷冻食品的温度则要维持-18℃以下。

➕ tips
小贴士 1 　　**易受寒害的蔬果不宜低温冷藏**

有些对低温敏感的蔬果就不宜存放在低于7℃的环境中，如香蕉、凤梨、未熟芒果、番石榴、莲雾等水果，或是番薯、芋头、姜、九层塔、红薯叶、青椒、苦瓜、茄子等蔬菜。这些易受寒害的蔬果，若低温保鲜不当，会使果肉或菜叶变色，抑制完熟，丧失原有风味，甚至失去对病菌的抵抗力而加速变质，缩短贮藏寿命。

3. 辨别食物外观，挑选应季食材

可运用"看颜色、闻味道、挑外观"的生鲜食品判断原则，从颜色自然有光泽、外观形状正常、无臭味等来判断食材的新鲜度，不同生鲜食品有不同的挑选技巧，尽量选购应季食材，正逢产季的食材不但物美价廉，且较不会有为了提前或延后上市而过度依赖农药或抗生素的问题，减少食用风险。

4. 选购有合格标志的食品

生鲜食品也有提供政府机关认证的优良食品标志，比如猪肉要有产品检疫合格印章和肉品品质检验合格印章，蔬果有绿色食品标志、中国有机产品标志、农公害农产品标等标志，选择贴有认证标志的生鲜食品，表示多了一层保障。

➕ tips
小贴士2 挑选肉品有方法

凡经屠宰卫生检查合格的猪，猪皮均盖有检疫局的"产品检疫合格印章"供消费者辨识，因此消费者在传统市场选购肉品时，可以要求肉贩出示盖有紫色合格印章的猪皮，或者出示屠宰场每天开立的"动物产品检疫合格证"。

合格印上要留意屠宰日期，通常屠宰作业时间会从前一天的晚上开始至当天的凌晨，因此屠宰日期会是昨天或是当天的日期。若是在超市与批发市场选购肉品时，可选购有QS认证的优良肉品，对消费者一样有保障。

食品分类		不宜选购的情况
包装食品	零食、糕点类 例如糖果、饼干、米果、绿豆糕等。	包装有破损、未附上食品标签和保质期，或是标示不清者。
	乳品类 例如牛奶、羊奶、优酪乳等。	未经冷藏与未贴有鲜乳标志者。
	香肠、腊肉等肉制品类 例如香肠、腊肉、火腿等。	颜色太鲜红或是表面干硬与出油的肉品。
	罐头、饮料类 例如鱼罐头、咖啡、果汁、汽水等。	外观有膨罐、凹陷、生锈、破损或汁液外露等情形。
	冷冻食品类 例如冷冻水饺、冷冻火锅料、冷冻蔬菜等。	包装破损，冻结状态不坚硬，有干燥发白情形的产品，并且注意冷冻柜温度是否在-18℃以下。
	油脂类 例如色拉油、橄榄油等。	包装密封不完整，有破损，油质混浊，有异物、有沉淀物、泡沫的油品。

接下表

接上表

生鲜食品	蔬菜类 例如圆白菜、菠菜、黄瓜、黄瓜等。	·非当季盛产的蔬菜，可能农药残留量高。 ·叶菜类：不新鲜，菜叶没有光泽，形态不完整，有枯萎和发黄。 ·瓜果类：表皮不完整，果实不饱满，有伤痕、斑点和软化凹陷。
	水果类 例如苹果、梨、柳橙、香蕉、西瓜等。	·非当季盛产的水果，可能农药残留量高。 ·果皮不完整，果实不饱满，尚未成熟，有碰伤、腐烂、虫害、斑点。
	五谷杂粮 例如大米、大豆、绿豆等。	谷粒不坚实，表面不完整且不干净，有发霉、虫害、沙粒、异味。
	家畜类 例如猪、牛、羊等。	肉的色泽不是粉红色或鲜红色，肉质无弹性，有渗水、黏液，有腥臭味。
	家禽类 例如鸡、鸭、鹅等。	没有连皮带肉，肉质无弹性，有血水，有黏液，有腥臭味。
	海鲜类 例如鲜鱼、虾、文蛤等。	·鱼类：眼睛凹陷且混浊，肉质无弹性，腹部塌陷，鱼鳃不是鲜红或暗红色。 ·虾类：外壳不完整，头壳变黑，头与尾分离掉落，肉质无弹性。 ·贝类：外壳不完整，有破裂，敲击声音混浊。
	蛋类 例如鸡蛋、鸭蛋等。	蛋壳有粪便，外观有裂痕，摇晃时，蛋的内部有摇晃声音。

看懂食品包装

　　我国卫生机关对于包装食品，明文规定必须在外包装上明显标示"食品标签"信息，并清楚记载食品与厂商的各项完整信息，因此食品标签好比食物的身份证,消费者选购食品时,学会看懂食品标签,可保障自身权益，让饮食更安心。

〈 什么是食品标签 〉

依据《食品卫生法》的规定，无论是国内制造的食品或国外进口食品，只要有容器或包装的食品，皆需要食品标签，也就是标示于食品外包装或说明书上用以记载品名或说明的文字、图画或记号。而且要以中文及通用符号(如容量单位) 标示以下的信息：

1. 品名

即包装内的食品名称，如柳橙汁、巧克力牛奶糖。此外法规规定一般食品的品牌或品名不得使用类似药名或影射疗效的字句、也不能使用涉及医疗效能的词汇。例如若果汁饮料品牌取名为"肝得健牌"或饮品取名为"干得健"，都是违法的品名。

2. 内容物名称及重量、容量或数量

此处说明食品的组成成分及多少量。重量、容量应以公制单位标示，如千克（kg）、克（g）、升（L）、毫升（mL）等，若是液体与固形物混合的食品，如含椰果的果汁,必须分别标明液体(果汁)的内容量及固形物(椰果)的重量。当食品的内容物含有两种以上成分或有主、副原料区分时也要分别标示，且必须依其含量多寡由高至低依序标示。另外，每100毫升含咖啡因量超过20毫克的饮品，必须标示出咖啡因的含量。

> **+tips**
> **小贴士 1**　咖啡因含量的标示规定
>
> 　　每人每日摄取的咖啡因总量应以300毫克为限，因此规定含咖啡因的饮品或冲泡式饮品，如茶、咖啡及可可饮料，若饮料中每100毫升所含的咖啡因含量高于或等于20毫克（即超过200ppm），就要标示实际的咖啡因毫克数；若低于20毫克，则可标示「20mg/100ml 以下」（200ppm 以下）；但咖啡因含量最高不得超过50mg/100ml（500ppm）。若咖啡因含

量不超过 2mg/100ml（20ppm），可标示为「低咖啡因」。另外要注意的是，茶、咖啡及可可以外的饮料若含咖啡因，其咖啡因含量不得超过 32mg/100ml（320ppm）。

3. 食品添加剂名称

食品制造过程中如果被使用于哪些食品添加剂须依法标示，其名称、用途、用量都必须遵守《食品添加剂使用卫生标准》的规定，如果非此标准所记载的添加剂，不论是国外输入或国内制造皆不得添加。

4. 厂商名称、电话号码及地址

食品标示要明确标示出制造厂商名称、地址，不得以邮政信箱、电话号码或其他方式替代。产品经委托制造或输入者，不仅标示原产制造商，还要标示委托者的名称及地址，如进口商或经销商名称及地址。

5. 保质期

生产日期或保质期应依习惯按能辨明的方式标示，如 × 年 × 月 × 日，另外，经法规规定须标示保存期限或保存条件者，例如鲜奶及其他乳制品和冷冻食品，须与保质期一并标示。

6. 营养标示

即说明食品的营养成分，必须标示的项目包括：热量、蛋白质、脂肪（包括饱和脂肪与反式脂肪）、碳水化合物（包括膳食纤维）、钠等含量。其中对热量及营养素含量标示的标准，固体或半固体食品以每 100 克或以克为单位，作为每一份量的标示；液体食品则以每 100 毫升或毫升为单位，作为每一份量标示。若有规定之外的其他营养宣传的市售包装食品，例如富含维生素 Λ、零胆固醇、高钙等，也必须标示所宣称的营养素含量。

7. 食品合格标志

附有合格标志的食品代表其品质经过政府单位或具公信力的认证机构检测及管理，可作为消费者安心选购的依据。包装食品常见标志有 QS 标志。

✚ tips
小贴士 1　　散装食品也要标示

　　根据"散装食品标签"规定，散装食品在陈列出售时须标示"品名"及"生产日期"或"产地"，并以卡片、标签或标示牌等形式，用悬挂、立（插）牌、粘贴或其他足以辨明的方式标示出来，以保障消费者购买散装食品时知情权益。

看懂食品添加剂的标示方法

　　食品在加工制造过程中，为了达到特定的目的常会添加不属于食品原先成分的添加剂。依食品卫生相关法规规定，加工食品被使用于哪些食品添加剂应依法标示"食品添加剂名称"，以此提供消费者食品中所含添加剂的信息，使消费者在选购食品的同时，了解自己购买了什么、吃下了什么。

〈 辨识食品添加剂的原则 〉

　　要了解食品的食用安心程度，就必须检查成分中添加了哪些食品添加剂，也就是辨别食物的成分表或内容物的信息。由于法规没有规定食品添加剂必须以单独项目标示，而是与一般食物原料一起列出，因此查看成分表时，可以用下列方法来判断何者为食品添加剂。

判断 1：食材之外的物质很可能就是食品添加剂

　　大部分加工食品的成分表会先标示食材原料，再列出所含的食品添加剂，除了常见的食材名称，如蔬菜、水果、肉类、糖、盐、淀粉等之外，剩下的物质就有可能是食品添加剂。

判断 2：目标示为 ×× 剂、×× 素，×× 料的物质

　　食品添加剂通常命名为 ×× 剂、×× 素、×× 料，例如膨胀剂、调味剂、酶、香料等名称，看到这类名称就表示该食物含有食品添加剂。不过需要留意的是，

有些天然物质的添加剂亦可能以此命名，例如辛香料、维生素、胡萝卜素等，但因成本较高，在使用上不如化学物质的添加剂普遍。

判断 3：以化学或英文名称出现的物质

当出现易辨识的化学名称或英文名称时，即为食品添加剂，例如碳酸钾、重合磷酸盐、己二烯酸、钾明矾、BHA 等名称。

〈 食品添加剂如何标示 〉

依据我国《食品卫生法》规定，凡是有容器或包装的食品都必须在外包装上注明"食品标签"的信息，如袋装零食、盒装调味料、罐装饮料、调理包、方便面等加工食品，在加工过程中所添加的食品添加剂必须依法注明。标示规定如下：

1. 依照法规标示名称，但同一种物质可有不同名称标示

食品添加剂的名称应依据"食品添加剂使用卫生标准"的品名标示，但同一种物质有可能以不同名称标示，如调味剂"谷氨酸钠"可标示为"味精"（俗称）、防腐剂"苯甲酸"可标示为"安息香酸"（别名），但不可使用非一般常见的名称以免增加消费大众的风险，例如将"防腐剂"标示为"保存剂"即违法。部分从国外进口的食品，虽然外包装上合法标示食品添加剂的名称，但为使国内消费者能充分了解产品所含添加剂名称，其中文译名仍应依我国的规定标明。

2. 部分食品添加剂须同时标示"用途名称及品名或通用名称"

食品成分中属于防腐剂、抗氧化剂、甜味剂等用途者，应同时标示其"用途名称"及"品名或通用名称"，顺序不限。生产者可先标示品名再以括号标明用途名称，如生育酚（抗氧化剂）、阿斯巴甜（人工甜味剂）；或是先标示用途名称再括号标明品名，如防腐剂（己二烯酸）。

3. 部分食品添加剂可以"用途名称"标示

食品成分中属于调味剂（不含甜味剂、咖啡因）、乳化剂、膨胀剂、酶、

凝固剂、光泽剂、香料及天然香料者，可以上述的"用途名称"标示。由于加工业者常把功能相同的食品添加剂合并标示，因此当消费者看到上述以"用途名称"标示的添加剂，必须留意其中可能含有多种相同用途的添加剂。

4. 特殊的警语标示

苯酮尿症患者对于人工甜味剂阿斯巴甜的代谢能力较差，因此若食品中含有此添加剂，应在包装明显处标示"苯酮尿症患者不宜使用"或同等意思的字样。

食品添加剂标示方法

标示方法	详尽度	说明	举例
①同时标示"用途名称"及"品名或通用名称"	高 低	必须同时标示使用目的及名称的食品添加剂为防腐剂、抗氧化剂、甜味剂。对消费者而言，这些是需要特别留意的添加剂。另外着色剂可以"色素"称呼，通常会在括号内标示所使用的色素有哪些。	1."用途名称（品名）"的标示法： ·防腐剂（己二烯酸） ·抗氧化剂（抗坏血酸） ·人工甜味剂（阿斯巴甜） 2."品名（用途名称）"的标示法： ·二丁基羟基甲苯(抗氧化剂) ·苯甲酸（防腐剂） ·糖精（人工甜味剂） 3.着色剂在括号内的种类可能以品名、别名或简称标示： ·着色剂(食用蓝色色素1号) ·人工色素(红色40) ·食用人工色素(黄色5号) ·食用天然色素(栀子花色素)

接下表

接上表

②标示"品名或通用名称"		大部分的食品添加剂可以品名、别名、简称来标示，但必须符合法规公告的标示名称。	· "维生素C"或"抗坏血酸" · "维生素E"或"生育酚" · "维生素D$_2$"或"钙化醇" · 阿拉伯胶 · 磷酸盐
③标示"用途名称"	高低	食品添加剂中的调味剂（不含甜味剂、咖啡因）、乳化剂、膨胀剂、酶、凝固剂、光泽剂、香料及天然香料者，可以标示使用目的的名称即可。	·碳酸氢铵、碳酸氢钠（小苏打）、钾明矾等可标示为"膨胀剂" ·乙酸乙酯、乙酸丁酯等属香料者，可标示为"香料" ·桂皮醇、香荚兰醛、薄荷脑等属天然香料者，可标示为"天然香料"
④免标示		加工过程中添加的食品添加剂若在最终食品中已不存在或微量存在，并对最终食品不发挥效果，可以不用标示。	

免标示的食品添加剂

　　在卫生机关的规范下，使用的食品添加剂基本上需要标示，但没有标示出食品添加剂的食品并不代表完全无添加，因为部分食品添加剂会在食品制造的最后阶段被去除，或是在加工程序中自然消失，不至于进入人体或是残留的含量极少，这一类的食品添加剂就可以免标示。

〈 什么情况下可以免标示 〉

原则上在食品制造过程中被使用于哪些食品添加剂，应依照《食品卫生法》规定标示，以提供大众选购食品时，了解其中所含添加剂的信息。但是食品添加剂种类繁多，使用目的与使用方法亦有不同，就食品标示的意义而言，凡是在食品制造的最终成品中已不存在，或即使存在但含量极微，并且对最终成品不发挥效果的添加剂得以免除标示。依现行法规规定属于免标示的食品添加剂可分为：加工助剂及附带残留物两大类。

〈 免标示①加工助剂 〉

加工助剂是指在食品加工过程中因制造及储存需求所添加的物质，在最终制成产品中时，残留量会被控制在极低浓度之下，且已"不具功能"作用，甚至在制造过程中被中和或去除干净。以下是加工助剂免标示的情况与范例：

1. 添加剂的浓度极低或含量极微，且不具任何效用，可免标示，例如：

·制造椰子水罐头时，在制造准备及储存原料椰子水的阶段所添加的亚硫酸盐，经热交换机预热杀菌后，最终成品中的亚硫酸盐残留量（以二氧化硫 SO_2 计）控制于 10ppm 以下，因已不具功能作用，可以免标示。

·发酵食品在发酵过程中为抑制发泡，会添加微量的消泡剂，如矽树脂，但在最终食品中的含量极微，且已不具消泡功能，得以免标示。

2. 最终成品需去除或加工过程已消失的添加剂，可免标示，例如

·蜜饯在原料处理或保存过程中，会使用亚硫酸钠，并在水洗过程中除去，使得最后的蜜饯成品中亚硫酸钠的残留量甚微或低于能检测出的标准。

·作为油脂脱色剂使用的酸性白土，会在制作的最后阶段经滤过去除，残留量极低而免标示。

·麦芽糖或葡萄糖制造过程中所使用的酶，最后会因加热而丧失活性，成为食品最终成分的一部分。

〈 免标示②附带残留物 〉

另外一类免标示添加剂是指在食品中的食品添加剂并非直接添加，而是食品原料本身即存在的添加剂，导致食品制作的最后成品阶段（即最终产品）含有原料中的添加剂，但因此类添加剂通常含量极微且对最终产品已不具实际作用，而被视为附带残留物，因此可以免标示。附带残留物免标示的情况如下：

1. 对最后成品不具效用的附带残留物，可免标示，例如

·以酱油调制的肉类调理包，在烹煮时所使用的酱油虽然含有保存用的防腐剂，但因为对最后成品不具任何效果或效果极微，可以免标示。

2. 混合多种食品而成的组合食品，非主要原料的添加剂可免标示，例如

·盒饭这类组合性产品，会以主原料所使用的食品添加剂做标示，但酱菜等配菜所使用的食品添加剂，就可以免标示。

免标示的食品添加剂	
加工助剂	附带残留物
食品加工时所添加的物质，但在最后成品阶段会去除、消失或含量极微，且不具任何功能作用。	非直接添加于食品内的添加剂，而是使用于食品原料的制造或加工中，导致最终食品含有极微量但已不具功效的残留物。
① 浓度极低或含量极微，且不具任何效用的添加剂，可免标示。	① 对最后成品不具效用的附带残留物，可免标示。
例如 1.椰子水罐头加工时使用的亚硫酸盐。 2.发酵食品在发酵过程中抑制发泡剂。	例如 1.卤味使用的调味料内所含的食品添加剂。 2.调理包内的调味料所使用的食品添加剂。
② 最终成品需去除或已消失的添加剂，可免标示。	② 组合食品中非主要原料的添加剂，可免标示。

| 例如
1. 作为油脂脱色剂使用的酸性白土。
2. 麦芽糖或葡萄糖制造过程中所使用的酶。 | 例如
1. 盒饭中的酱菜所使用的食品添加剂。
2. 生鲜即食产品（如饭团）的配菜使用的食品添加剂。 |

如何看懂保质期

　　相信很多人都有这样的苦恼经验：超过保质期的食品还能不能吃？或是过了保质期但尚未开封的食品，是否还能继续食用？由于每种食品都有保存期限，超过保存期限的食品可能有变质、不新鲜、吃坏肚子等风险，因此消费者购买时务必留意保质期。

〈 保质期怎么制定 〉

　　依照《食品卫生法》的规定，目前仅针对上架的药品规范保存日期的制定标准，而对于食品的保存日期则没有明确的法令规范。一般来说，食品的保质期制定方式有三：（一）厂商在食品上架前，先送交经济部的商标局或是食品工业发展研究所进行食品存放期的测试，再根据测试所得的数据订定出保质期；（二）厂商会依据食品制造的过程、干燥程度及储存条件而订定出保质期；（三）如果是新开发的食品，厂商会在上市前自行做储架试验，即测试食品能在货架上存放多久，以作为订定保质期的参考。由于法规规定在厂商订定的保存日期内，必须负起确保食品不能变质的责任，因此大部分厂商会以食品风味不变的最佳食用时间，也就是所谓的「最佳食用期限」作为订定保质期的时间点，而非以产品品质会变坏的期限为标准，使消费者能对该厂牌的食品产生信赖感。

〈 保质期与保存期限有何不同 〉

　　依照《食品卫生法》第十七条规定，凡是有包装的食品都应该标示"保质期"。消费者经常混淆"保质期"与"保存期限"的意义，两者截然不同，"保质期"是指"时间点"，而"保存期限"则为"时间范围"。例如"保质期"标示为 2015 年 4 月 30 日，而"保存期限"标示为 2 年，其中"保存期限"必须搭配"生产日期"（或是"出厂日期"）来判断，而非指购买回家后还可以存放两年。基于健康及食用安全的考量，尽量在保质期内食用完毕为佳。另外，有些生产者会将"保质期"以"有效期限"、"有效期"、"到期日"、"有效日"、"有效"等代称，但仍附上年月日，例如"有效期限：2015 年 12 月 1 日"，虽然未依照法规以"保质期"命名，然而只要时间明确，表达对产品的责任，都算符合规定。

+ tips
小贴士 1 **不符合规定的标示方式**

食品标示保存日期要有明确的时间，倘若同时标示不同保存条件及保存期限，这种多重标示方式容易让消费者无所适从，也没有明白告知保质期为何，就不符合食品卫生管理法的规定，例如同时标示："常温 30 天、冷藏 180 天、零下 18℃以下 365 天"。

〈 保存期限的标示原则 〉

1. 以"保质期"字样表示。

2. 以不褪色油墨标示保质期。

3. 公历标示年分，前两位数可省略，如"2011"可标为"11"。

4. 若以英文缩写标示，如"AUG"表示 8 月则不符合规定。

5. 保存期限为三个月以上的食品，保质期可仅标示年月，到期日以该年的当月底为准。

6. 鲜奶、炼乳、优酪乳、调味乳、合成乳、奶油等液态乳制品，须加标示保存期限（如"保存期限与保质期"、或"生产日期与保质期"）及保存条件（如冷藏于 7℃以下）。

〈 如何看懂进口食品的标示 〉

进口食品很普遍，而进口食品的保质期标示与我国略有不同，这里以美国、日本为例。日文标示的"消费期限"相当于英文标示的"Use by date"（其他标示文字如 Recommended Last ConsumptionDate、Expiration Date），会标示在生鲜食品上，表示保质期之意；另外日文标示的"食用期限"相当于英文标示的"Best before"或"Date Of Minimum Durability"，表示在此日期前食用风味最佳。部分食品会以"最佳使用期"、"最佳食用期"、"此日前最佳"及"食用期限"等中文字做标示，以上都是业者提醒民众该食品的最佳食用的食用期限，但都不符合我国法规的规定，因此不论是食品厂商或是国外进口食品，食品要一并标上"保质期"等字眼，以避免消费者混淆，例如"保质期：同包装上食用日期"、"保质期：见包装上食用期限"、"保质期（食用期限）：见罐底"等。有明确的日期标示才能保障安全，民众才能安心食用。

> **✚ tips**
> **小贴士1　容易混淆的日期标示方式**
>
> 卫生机关有明文规范包装食品皆须印刷保质期，国内厂商大多习惯以公历标示：×年×月×日标示，某些进口食品会以：×日×月×年标示，民众在选购包装食品时，应注意该厂商的日期标示方式，以免对日期的解读产生误解。例如"04.12.12"，就不知道是2012年4月12日、2012年12月4日、还是2004年12月12日，为避免民众混淆，进口商要加注"×月×日×年"或"×日×月×年"的字样。

〈 过了保质期，还能不能吃 〉

保质期基本上是最佳品味期限的提醒，不代表超过此日期，食物就会变质、腐坏而不能继续食用，可以由食品的外观、色泽、气味等来判断是否还能吃。然而，食品存放的条件也是关键之一，如果食品开封后，未妥善保存，即使在保质期内，也可能因为保存不当而让细菌滋生或导致食品变质。因此，超过保质期而未开封的食品，若开封后判断外观无异状，应尽快食用完毕；若是已经开封的食品，即使没有超过保质期，也必须留意是否依照包装上的建议方式来保存，以确保食品的新鲜度。

常见食品开封状态与有效期限的判断

食品的状态		注意事项	举例	辨别方法
未开封的食品	未过有效期限	为安全可食用的食品，但要注意保存条件，留意是否需存放于荫凉、通风、冷藏或冷冻的环境，若存放不当，例如该冷藏的食品却置于高温下，那么即使未开封，仍会有食品变质的风险。		
	已过保质期	1.已过了保存期限，不代表食物已经变质不能食用，可以从肉眼判断食品的外观、颜色是否可以继续食用，若开封后无异状，也必须尽快食用完。 2.食品的保存方式也是参考重点，如果暴露在阳光下，不宜继续食用。	饮料类 果汁、汽水、罐装茶饮、罐装咖啡、包装水等。	虽然尚未开封，如果已经破损或是发生外包装膨胀的情形，就不宜继续饮用。
			罐头类 水果罐头、肉酱罐头、水产罐头、酱菜罐头、汤罐头等。	虽然尚未开封，如果有膨罐的情形，比如盖子突起，代表里面食物已然发酵而产生过多气体，此时不宜继续食用。
已开封的食品	未过保质期	开封后无法一次食用完毕的食物，可以参考包装上的保存方式，	饮料类 果汁、汽水、罐装茶饮、罐装咖啡、包装水等。	饮料开封后，在室温下，尽量30分钟内饮用完毕，若无法一次饮用完，应该要密封存放于冰箱，以减少细菌滋生的机会。 ②组合食品中非主要原料的添加剂，可免标示。

接下表

接上表

已开封的食品	未过保质期	例如冷藏或冷冻等方式，并在建议的期限内尽快食用完毕较佳。	乳制品、乳酸饮料、优酪乳 鲜奶、养乐多、调味乳、优酪乳、酸奶等。	乳制品开封后，空气中有很多细菌，有些人喜欢搁置待回温后再饮用，建议尽快饮用为佳，尤其肠胃较敏感的人应特别注意。
			粉末状食品 奶粉、杏仁粉、咖啡粉等粉末冲泡式食品。	粉末状冲泡食品，开封后隔一段时间，若有结块情形，表示吸收了水气，容易产生变质，不建议继续食用。
			罐头类 水果罐头、肉酱罐头、水产罐头、酱菜罐	罐头开封后，如果无法一次食用完毕，建议倒出来封存冷藏，减少罐头持续氧化，释出金属物质污染食物。
			零食类 糖果、蜜饯、饼干等。	1. 糖果及蜜饯类，因制造过程加入大量的糖分，因此较不易滋生细菌，即使超过日期仍是安全的，倘若水气过高，外观有湿黏现象，不建议继续食用。 2. 饼干类若有受潮、软化的现象，不宜继续食用。

接下表

接上表

已开封的食品	未过保质期		油脂类 色拉油、 奶油、 坚果类食物、 沙拉酱等。	油脂含量高的食物容易被氧化，而造成食物变质，若产生油耗味，就不宜继续食用。
			基于健康安全的理由，不宜继续食用。	

认识合格食品标志

　　为了确保国民"食"的安全，国家有关部门针对食品安全推出了 QS 安全标志、有机产品标志等各种认证，以作为优良产品的品质标准，同时达到维护食品安全及让消费者易于辨识的目的，提供选购食品时的安心指标。

〈 食品安全需求的国内食品标志 〉

　　消费者如何在琳琅满目的食品中，找到兼具品质及卫生安全的优良产品，成了选购食品时最关心也最头痛的问题。有鉴于此，政府制定了《食品卫生法》来规范食品业者，更进一步推动食品标志认证制度，来提升厂商自主管理的能力。通过认证标志，代表该项食品的产地或来源、制造或处理过程符合国家标准，品质具有一定保障，可作为消费者选购的依据。

　　目前国内食品标志可分为代表食品安全的 QS 标志，代表安全蔬果的绿色食品、有机食品标志，使用在奶制品的 QS 标志，表示肉品符合卫生的产品检疫和品质检验合格章。另外，也有特殊需求的标志，如清真食品认证、优质酒类标志等。

但食品标志并非一成不变，会因国际趋势、政府法令修订、食品作业规范改变等因素而有所更迭。此外，政府持续推行农产品的绿色食品标志、中国有机产品标志、农公害农产品标志三大认证标志，以确保生产者的品质及消费者的权益。

〈 全球共通的辐照食品标志 〉

还有一类全球通用的"辐照食品"标志。所谓"辐照"是指利用辐射线源（俗称放射线）照射食品，其处理过程如同人体照射 X 光一般，通过辐射能量灭菌或防治虫害，控制农产品的微生物，降低病原菌对人体的伤害，或抑制蔬果发芽、延缓热化等功效，是一种提升食品保存的加工技术。辐射食品保存研究工作大约从 1940 年开始，为确保辐照食品的安全性，世界卫生组织国际食品规格委员会已严格制定食品辐射处理的国际规格，并于 1981 年通知各国，于是此规范成为国际间依循的标准。

目前我国批准的辐照食品，包括脱水蔬菜、香辛料、宠物食品、花粉、熟畜禽肉、速溶茶等食品，以抑制发芽、延长储存期限、防治虫害、去除病原菌污染为目的，且经辐射处理的食品，必须在包装盒上标示照射食品标志，以提供消费者正确的信息。

去除添加剂的食品处理法

消费者在购买食材时，有时很难一眼就辨识出食材中的有害物质，若是了解并利用不同食材的特性，在烹煮或食用前处理步骤得宜，可以大幅减少农药残留、戴奥辛、硝酸盐、防腐剂、杀菌剂、激素等有害物质的残留。

〈 方法 ① 冲洗浸泡法 〉

清洗有助去除农药残留，冲洗浸泡法的目的主要是去除食材表面的灰尘及可能存在的寄生虫，最重要的是洗掉可能残留在食物表皮上的农药与戴奥辛，差别在于冲洗次数与用水量的多寡，以及如何减少水溶性营养素的流失。

适用食材

·五谷杂粮类，如大米、红小豆、绿豆等。

·蔬菜类，如圆白菜、青菜、小白菜等。

·水果类，如苹果、葡萄、杨桃等。

冲洗浸泡法的步骤

1. 打开水龙头，先用流水冲掉食材表面的灰尘与脏污。在清洗蔬菜前，可先将烂叶及根部去除。

2. 继续在流水下以手或软刷搓洗食材 2 ~ 3 次，以去除食物表面的细菌与残留农药。外皮光滑的瓜果类，可在流水下搭配软刷或海绵刷洗；蔬菜类则以水逐片冲洗。

3. 以干净的清水浸泡食材 10 ~ 15 分钟，水量高度必须覆盖住整个食材，以溶出残余农药与戴奥辛。有些人习惯用清洁剂清洗蔬果，但清洁剂若没冲洗干净或品质不良，还得担心清洁剂内的荧光剂或其他化学成分可能残留在食物上，使用大量清水反而更安全。

4. 倒掉浸泡过的污水后，打开水龙头，再用流水冲洗食材 2 ~ 3 遍。蔬菜类以逐片冲洗为佳。

5. 将食材的水分滤干后，再依食材用途做成料理或直接食用。

＋tips
小贴士 1　盐是去除农药的万灵丹吗

　　用大量清水冲洗蔬菜、水果是去除农药残留的最佳方法，使用盐水清洗的效果与清水差异不大，而且如果盐分控制不当，可能导致蔬果脱水，使得水溶性维生素与矿物质等营养物质流失。

〈 方法 ② 去皮法 〉

去皮法可以有效地减少食材表面的灰尘、寄生虫与农药残留和戴奥辛，此外，果皮下的角质层，常见脂溶性的有害物质残留，例如杀虫剂、戴奥辛，无法只以清水冲除。因此需要去除果皮，降低有害物质的残留。

适用食材

· 蔬菜类，如芋头、红薯、冬瓜、丝瓜等。

· 水果类，如苹果、葡萄、香蕉、橘子等。

去皮法步骤（以苹果为例）：

1. 先将食材用软刷、海绵或手在流动清水中，反复清洗 2～3 次，去除表面的农药、戴奥辛与灰尘。需要去皮的瓜果类最好清洗后再削皮，若不清洗就直接去皮，可能造成表皮农药污染果肉的危险。

2. 削去蔬果的表皮或剥除水果外壳后，再做烹调或食用。

〈方法 ③ 汆烫法〉

汆烫法是指将食材放入沸水中短时间烫一下，随即取出，对于某些食材，热水此冷水更能溶出有害物质，如氨基甲酸酯类的杀虫剂会随着温度升高加速分解而减少毒性。汆烫法的目的除了表面杀菌外，可以大幅减少有害物质的残留，例如，减少蔬菜类的杀菌剂与农药残留，降低肉类所残留的抗生素、多余脂肪（脂肪通常会囤积氯系农药、戴奥辛等有害物质），减少海鲜类所残留的环境污染物（有机汞、重金属、抗生素）、多余脂肪（以减少氯系农药、戴奥辛），去除面类制品可能添加的小苏打、磷酸盐，减少加工食品中可能含有的防腐剂、漂白剂、杀菌剂、保色剂等危险物质。

适用食材

· 蔬菜类，如菠菜、菜花、芋头等。

· 家畜类，如猪肉、牛肉等。

· 家禽类，如鸡肉、鸭肉等。

· 海鲜类，如鱼类、花枝、鱿鱼等。

· 面类，如面条、油面、面筋等。

· 加工食品，如油豆腐、豆皮、丸类、火腿、香肠等。

氽烫法的步骤（以肉排为例）：

1. 热水沸腾后转至小火。

2. 将清水洗净后的食材放入沸水锅中。

3. 食材在沸水中烫 1 ~ 3 分钟，溶出有害物质。氽烫时间不宜过久，特别是蔬菜类，以免食物养分因高温烹煮而流失。

4. 以细孔滤网或汤匙过滤或捞除水面上的杂质、泡沫、浮油。煮火锅时，汤汁表面也会出现渣滓、浮泡及浮油，里头可能含有自食材溶出的有害物质，捞除之后再食用为佳。

5. 用滤网或筷子捞起氽烫过的食材，再进行之后的烹调。氽烫使用的沸水请勿再做料理使用，以免造成二次污染。

〈 方法 ④ 泡温水法 〉

加工食品的制造过程中，常为了延长食材的保存时间或增添风味等原因，因而添加各种食品添加剂，例如，豆类制品添加消泡剂，腌制肉品添加杀菌剂或保色剂（如亚硝酸盐），五谷杂粮添加漂白剂。利用泡温水法能够溶出食品添加剂和残留的农药，减少危险物质的残留。

适用食材

· 米面豆制品类，如面筋、米粉、冻豆腐、豆皮等。

· 腌制食品类，如萝卜干、火腿、榨菜等。

· 干货类，如竹荪、干金针、干昆布、小鱼干、中药材等。

泡温水法的步骤（以干金针为例）：

1. 先将食材在流动清水中反复清洗 2 ~ 3 次，洗去杂质与灰尘。

2. 准备半锅水煮沸，热水沸腾后，加入等量的冷水，使水温降至约 40℃ ~ 50℃。

3. 将食材放入锅内，使温水完全覆盖食材，浸泡 20 ~ 30 分钟，溶出有害物质。

4. 倒掉浸泡食材的温水，不可再使用。

5. 在流动清水下再次清洗浸泡后的食材，减少有害物质残留。

〈方法 ⑤ 酸碱中和法〉

目前农作物大多使用有机磷杀虫剂，此类农药属于偏酸性，若在水中添加碱性物质，可以酸碱中和，加速去除附着在蔬果表皮上的农药残留，但是酸碱中和法在清洗蔬果时不宜长时间使用，否则容易使果皮、蔬菜表面的细胞壁软化，造成营养成分的流失。

适用食材

· 蔬菜类，如圆白菜、青菜、空心菜等。

· 水果类，如番石榴、杨桃、莲雾等。

酸碱中和法的步骤（以番石榴为例）：

1. 打开水龙头，先用流动的水冲掉食材表面的灰尘与脏污。

2. 继续在流动的水搓洗食材 2 ～ 3 遍，去除表面细菌、残留农药。

3. 准备一盆清水，水量足以覆盖食材，再将一汤匙食用小苏打粉放入清水中搅拌溶解。

4. 将食材浸泡于小苏打水中 1 ~ 2 分钟，溶出残余农药。

5. 倒掉小苏打水，将食材留在盆中。

6. 打开水龙头，在流动清水中，反复清洗食材 2 ~ 3 次。

7. 滤干食材的水分后，再进行料理或其他处理程序。

〈 方法 ⑥ 储放法 〉

由于农药有半衰期，会随着时间、环境中的生物或化学作用而缓慢地分解为对人体无害的物质，例如空气中的氧气，对残留农药也有一定的分解作用，因此对于易于常温下长期保存的蔬菜与水果，可以存放 1 ~ 2 周，使农药自然挥散或药性减退，以减少农药的残留与毒性。

适用食材

· 蔬菜类，如红薯、山药、土豆等。

· 水果类，如柳橙、西瓜、桃子等。

储放法的步骤（以红薯为例）：

1. 用无盖容器盛装食材，或以旧报纸包裹食材。

2. 将盛装好的食材置放于荫凉处 1 ~ 2 周，使农药自然减退。

+tips 小贴士 1 　快速筛检 DIY 试剂，防范黑心食品添加剂

食材是否有不当添加剂残留很难从外观辨别，若产品颜色过于鲜艳或有异味应拒绝购买。可用筛检试剂自己检测残留物。将欲检验的食材切下一小块或取其浸泡水，点一滴试剂溶液后，观察其颜色变化，若颜色有异，表示可能有添加剂残留。目前有 7 种简易试剂。

试剂名称	检验项目	试剂颜色	颜色变化	适用食品
双氧试剂	杀菌剂（过氧化氢）	无色溶液	滴点处变成黄褐色	肉类、面条、丸类、火锅料、豆制品等

接下表

接上表

亚硫试剂	漂白剂（亚硫酸盐、二氧化硫）	红色溶液	滴点处变成无色	家禽肉品、水产品等
皂黄试剂	工业用皂黄颜料	无色溶液	滴点处变成紫红色	色泽较鲜黄的碱鱼及豆干等
蓝吊试剂	吊白块	蓝色溶液	滴点处变成淡黄色（依浓度而异）	水果切片等
紫醛试剂	防腐剂（甲醛）	淡紫色溶液	滴点处变成橘红色	生鲜鱼虾食材
硝蓍试剂	保色剂（亚硝酸盐）	暗红色溶液	滴点处变成蓝紫色或褐色（依浓度而异）	生鲜肉类及鱼类、加工肉制品及鱼肉制品
反腐试剂	防腐剂（去水醋酸）	深蓝色溶液	滴点处变成绿色	粉圆、面条、馒头、汤圆、芋圆、年糕、发糕、米苔目、布丁等

第三章
生鲜食品选购与处理指南

第一节
五谷杂粮正确选购与处理方法

五谷杂粮包括：大米、燕麦、玉米、大豆、红小豆等，在日常生活中除了作为一天的主食，部分粮食也可作为甜点或副食，摄入量在饮食中的比例颇大，想要吃得安全更需特别留意。通常杂粮在栽培期间会遭受病虫害侵袭，因此多数农民会使用农药及肥料以抑制虫害及供给养分。杂粮作物以使用水溶性农药为主，且经由空中喷洒，因此农药大多残留于作物的表面，但大部分五谷杂粮作物在采收后皆需经历晒干、去壳等步骤，可以去除大多数的农药残留。只要在食用前稍加留意五谷杂粮的清理方式，即可将有害物质有效去除。

〈 如何选购五谷杂粮 〉

五谷杂粮皆有其特殊气味，优质的鲜品会带有淡淡清香且形状饱满，购买时可加以留意、判别。为避免买到不良添加剂的产品，选购时还必须注意以下原则：

勿以外观扫选：选购重点应以其天然状态为优先考量，色泽或香味过于完美的粮食，栽培过程往往添加过量有害物质，这才得以保持完美状态。

选购适当包装：五谷杂粮虽耐久放，却忌潮湿环境。如果居住地湿气较重，一般家中不利于存放五谷杂粮。可选用小包装或论斤秤两选购合适的量，吃多少买多少，这样可以经常吃到较新鲜的产品。

选择真空包装或有信誉的商家：散装的五谷杂粮不但容易变质，还可能掺杂过期品，建议选购有完整包装的产品，比如真空包装产品，若要选购散装产品，最好向值得信赖或具知名度的商店购买。

留意包装标示：购买时，产品标示的生产日期、生产地可作为选购依据。生产日期可确认是否新鲜，并可估算农药挥发时间，通常需要一星期以挥发药性。得知生产地可避免购买到受污染侵害地区的产品。

产地直销或有机栽培的产品：标榜原产地生产或有机栽培的杂粮作物，或者特殊品种栽培的作物，虽然价格相较之下会较高，但可降低残留有害物质的可能性。

〈如何处理或保存五谷杂粮〉

为避免有毒物质残留在五谷杂粮里，在食用或烹调前，第一步就是清洗杂粮。先打开水龙头以流动清水冲洗或在水盆内搓洗后再倒掉污水，如此重复清洗两次左右。通过清洗过程，除了洗去灰尘、脏污、农药残留外，同时一并除去破损、被虫蛀及颗粒不完整的粮食。清洗后，在烹调杂粮前一般会再以水浸泡 30 分钟到数个钟头不等，在烹调前倒掉浸泡水，再加入干净清水，除了可提升烹调效率，并烹调出杂粮的原味特性外，还可去除剩余的农药残留。由于五谷杂粮最忌湿气及阳光直射，因此保存时要放在干燥通风处，存放地点应避免湿气侵袭，不要将五谷杂粮直接放置地上，最好以保鲜盒或有盖容器储放，并间隔地面一段距离，且放置环境必须避免害虫侵袭。

大米

我国南方大米生产一般来说皆有二次生产期，一期稻作为年中采收，二期稻作为年底，南部地区因气候较温暖有时可增加至三期稻。一般食用精米的处理过程已除去许多残留农药。

〈 基本档案 〉

常见种类	糙米、糯米、糙米、粳米。
主要产季	一期稻约在3月插秧，6～7月收成；二期稻约在7～8月插秧，11～12月收成。
栽种方式	经选种挑出的谷粒浸泡2～3天再催芽，育苗后进行播种，以3～5株的秧苗为一丛插入水田完成插秧。直到稻米成熟这段期间，需除草及施肥，待成熟后进行收割。收割后的稻米需尽快烘干否则容易损害品质。将稻米的谷壳脱除后即成糙米，再将糙米的外层及胚芽磨除，即为白米。
天然状态	米粒允实饱满，具淡淡稻香。白米晶莹剔透，心腹白；糙米颜色偏浅褐，带自然光泽。
添加剂或残留物的使用目的	水稻会遭病虫害侵袭，栽培期间会施农药。若灌溉水遭重金属污梁，有害重金属会残留在大米内。
容易残留的有害物质	农药、重金属（如镉）。

〈 不正确食用的危害 〉

1.体内累积过多的残留农药，会对肝、肾造成负担，可能发展成慢性肝病或致癌。

2.重金属积蓄体内不易代谢，长期累积易造成中毒，例如急性镉中毒容易导致毒性肺水肿、呼吸困难及急性肾脏衰竭等症状。慢性镉中毒则会造成肾小管伤害、软骨症及自发性骨折。镉更是一种致癌物质，可能诱发老年人的前列腺癌。

〈 正确选购方法 〉

新鲜大米色泽乳白呈半透明，粒型整齐，粒面光滑有光泽，可有轻微垩白（粒面上的白斑），有的米粒留有黄色胚芽是正常大米。

陈米及劣质米一般色泽发黄，光泽度差，粒面无光泽，有糠粉，碎米多，垩白多，粒面有一条或多条裂纹，大米保管不当 或陈化后，有黄粒米产生，米粒为水黄或深黄色，不仅影响口感，还含有黄曲霉毒素，对人体健康有极大的影响。

新鲜大米有正常清香气味，大米陈化后无气味或有糠粉味，劣质大米则有轻微霉味。而且，好的大米手感光滑，手插入米袋后拿出不挂粉，劣质大米则手感发滞，手插入米袋后拿出挂有糠粉。

可取几粒大米放入口中细嚼，新米尝之有新鲜稻谷的清香气味，陈米或劣质米则无味道或有轻微异味。好米米质坚实，次米发 粉易碎。

好米加水浸泡米粒发白，劣质米加水浸泡后米粒裂纹多。也可以把大米放在透明玻璃板上，在光线充足处观察大米是否有裂纹粒。优质面粉手感细腻，粉粒均匀；劣质面粉则手感粗糙。若感觉特别光滑，也属有问题的劣质面粉。

〈 正确保存方法 〉

1. 以密封容器储存，且储放地点须保持通风干燥，避免直接接触地面以防湿气。

2. 开封后于室温下保存，两周内食用完为佳，置入冰箱冷藏可维持大米的品质及延长保存时间，但仍应在保存期限内食用完毕。

〈 避免有害物质滋生的方法 〉

洗米时加入大量清水，快速以手画圆的方式淘洗，或是双手轻轻搓洗，再倒掉污水加入清水，重复清洗动作2～3次后沥干即可，整个过程约5分钟内，不要泡水过久，以免破坏养分且让污水被米吸收。

玉米

玉米在南方地区一年四季皆可生产，有时与其他作物一同栽植进行间作，然而玉米生长期间，病虫害侵袭不断，特别是夏季更为严重。农民为维持产量及外观，大量使用农药及化肥，造成玉米农药残留问题多。而玉米外形表面不平整，颗粒间缝隙是最容易残留农药之处，尤其农民在生长末期会将玉米外叶拨开，直接施洒农药在玉米粒的表面。因此，玉米的清洗不得马虎，稍不注意很容易将农药吃下肚。

〈 基本档案 〉

别名	玉蜀黍、苞米、棒子、粟米。
常见种类	白色或紫色的糯玉米、金黄色的甜玉米。
主要产季	一年四季均有生产，但以秋冬季为多。
栽种方式	种子经浸泡后再行播种，栽培土壤为土层深厚、排水良好的砂质壤土。种植期间不同品种的玉米需间隔300厘米以上，以避免花粉互相影响，降低外观与品质。约55～60天的时间可采收，玉米须变成深褐色时即代表成熟。
天然状态	颜色均匀，颗粒饱满排列整齐、大小一致且圆润。
添加剂或残留物的使用目的	栽培时期较易受各种病虫害的侵袭，为防治病虫害并维持品质以及供给养分，一般使用化学农药及化肥。
容易残留的有害物质	农药、化肥。

〈 不正确食用的危害 〉

残留农药吃下过多，会累积于体内，长期下来会给肝、肾造成负担，可能发展成慢性肝病或致癌。

〈 正确选购方法 〉

1. 看旗叶（水果玉米特有的叶子，在玉米棒子上的小叶片）嫩绿，挺拔。

2. 看外观，必须翠绿无黄叶，无干叶子。

3. 玉米穗柄处，看断口是否新鲜，如果有锈迹状，肯定不新鲜，如果黑了，那就更能说明问题。

4. 玉米须子裸露在外部的，是干燥的。稍微拉开点苞叶，看到里面的花丝呈现固有的颜色（有的绿色，有的白色），没有发蔫。更不要发霉。

5. 看玉米粒。没有塌陷，饱满有光，用指甲轻轻掐，能够溅出水。

真正的甜玉米，是颗粒整齐，表面光滑、平整的明黄色玉米，普通黄色玉米则排列不规整，颗粒凸凹不平。真正的黏玉米，是颗粒整齐，表面光滑、平整的白色玉米，而普通的白色玉米则排列不规整，玉米颗粒凸凹不平。

〈 正确保存方法 〉

1. 室温下保持外叶完整，不接触水，放置通风处可保存 2 ~ 3 天。

2. 若放入冰箱冷藏，可先用报纸或纸袋包裹，避免接触水气，以免受潮长霉，且冷藏的玉米容易流失风味，尽早食用为宜。

〈 避免有害物质滋生的方法 〉

去皮法→冲洗浸泡法→汆烫法

1. 见前文"去除添加剂的食品处理法"去皮法。大部分农药残留在外叶表面，剥去外叶及玉米须可以去除表面残留农药。

2. 见前文"去除添加剂的食品处理法"冲洗浸泡法。在大量流动清水下，使用软毛刷，将玉米粒缝隙间、头部与外叶结合之处刷洗干净，才可分解切块。

3. 见前文"去除添加剂的食品处理法"汆烫法。利用高温加热使农药分解而减少毒性，第一次汆烫后的水不可食用，需再换一锅清水二次烹煮。

第二节
蔬菜正确选购与处理方法

农民为了保持蔬菜的卖相，也为了防治病虫害，多倚赖农药来抑制害虫，并添加化肥让蔬菜快速成长。尤其是连续采收期较长的蔬菜，通常尚未过了农药安全采收期就已经在市场上出售，使得药性来不及降解而残留其中。虫害主要侵袭蔬菜的叶面，因此农药喷洒的重点位置也以叶面为主，且农药喷洒一般由上往下喷，因而，根茎类的蔬菜较叶菜类来得安全。除了农药外，有些农民为使某些蔬菜的外表色泽好看，例如白萝卜、豆芽、莲藕等，会添加漂白剂，从而危害健康。

〈 如何选购蔬菜 〉

购买蔬菜以当令盛产为首选，不但品质较佳，使用农药也少。其他的购买原则包括：

外观天然新鲜为主：避免以外观美丑为挑选重点，一般来讲，表面略有虫咬的蔬菜相较于外观完美无瑕疵的蔬菜，其农药残留较低。挑选时尽量以蔬菜的天然样貌为重点，并留意新鲜与否。

避免同一地点连续采购：选购蔬菜时，尽量过一段时间就改变采购地点，可避免持续挑选同一产地的产品，以减少吃进同一类有害物质的频率。因为不同生产者生产的蔬菜，其农药喷洒、作物采收存放期皆不相同，有毒物质残留的情形也有差异。

留意包装蔬菜的鲜度与标示：在超市选购分装蔬菜时，须特别留意蔬菜切口是否变黑并影响品质等问题，同时注意包装标示的产地、日期等。

注意蔬菜采收时机：尽量于盛产期选购蔬菜，可避免农药残留问题。台风过后采收的蔬菜，特别是较娇弱的叶菜类，因抢种、抢收，可能用药用肥都重。

〈如何处理或保存蔬菜〉

通常农药经过适当时间可通过空气挥发其药性，为避免蔬菜的药性未挥散，一些较耐室温储放的蔬菜可在购买后摆放适当时间，等待药效挥发。且大部分蔬菜类农药以水溶性农药为主，通常用清水就能洗净，因此烹调前，用大量流动清水将易残留有害物质的部位洗净，并可根据蔬菜特性以软毛刷刷洗。外表带皮的蔬菜若需去皮食用，也必须先清洗后才可削皮，以免有毒物质渗入蔬菜里。由于蔬菜保存时忌潮湿，因此以报纸包裹以吸收多余水分，或放入保鲜盒内，再存放冰箱，较可延长保存期限。

> **+tips 小贴士 1　氮肥过量易造成硝酸盐残留**
>
> 氮素一般又称为"叶肥"或"氮肥"，是叶菜类生长时的重要元素。氮经由土壤中的细菌转化成铵盐或硝酸盐，才被植物吸收利用。但如果氮肥施肥过量或日照不足，将造成蔬菜中硝酸盐过多。硝酸盐在人体内转化为亚硝酸盐和亚硝胺。如摄取过多，人体会降低红细胞中血红素含量并提高罹癌的风险。同时，土壤中没有被植物吸收的硝酸盐很容易因为雨水冲刷而流失，亦形成环境的污染。

🥬 圆白菜

圆白菜来自欧洲地中海地区，希腊人和罗马人将它视为万能药，是西方人最为重要的蔬菜之一，我国各地都有栽培。农民们为防范圆白菜受菜虫侵袭通常会施洒农药，在结球期间为了外形美观、结球饱满也会定期追加肥料，因此圆白菜的清洗必须特别

留意菜虫及农药残留等问题，最好将叶片顺着外形整片依序剥除，接着片片

清洗，以减少农药、菜虫残留。

▶叶面容易有农药残留的问题，特别是外叶部分。

▶若有环境污染发生，如戴奥辛，最易附着在外叶上。

▶圆白菜以水溶性农药为主，农药施洒以土里或叶面为重点，因此根部是农药易残留的地方。

〈 基本档案 〉

别名	甘蓝、包心菜、结球甘蓝、卷心菜。
常见种类	依叶片特征可分为：普通甘蓝、皱叶甘蓝和红叶甘蓝（即紫色圆白菜）。
主要产季	南方地区全年皆可生产，圆白菜性喜凉冷。
栽种方式	以种子育苗后待植株略大再于田间种植，接着中耕、除草并且进行追肥、培土，覆盖银黑塑料布可保持湿度并防范杂草丛生。进入结球期后需要水分维持品质，夏季宜防范大雨使田间积水引发根部潮湿损害。
天然状态	由叶片相互包围使外形呈椭圆或卵形的球状体。颜色多呈绿白色，另有以生食为主的紫红色品种。一般若未过度施洒农药，收成后叶片因菜虫咬伤偶有破洞实属正常，未处理前菜虫也会留在叶片间。
添加剂或残留物的使用目的	生长期间因其特性施洒肥料给予养分，另为了外形美观以及预防菜虫侵袭、去除杂草等目的会施洒农药。
容易残留的有害物质	农药、化肥、环境污染导致戴奥辛残留。

〈 不正确食用的危害 〉

圆白菜外叶及根部的水溶性农药或化肥无法被人体吸收，少量的农药、戴奥辛可由人体代谢排出，但长期食用未洗净的圆白菜，会让农药及戴奥辛累积于体内而影响肝脏、肾脏，引起中毒症状或是慢性疾病。

〈 正确选购方法 〉

1. 外表：优质圆白菜应该是结球坚实、包裹紧密，质地脆嫩的，有虫咬、黄叶、开裂和腐烂等情况的圆白菜最好不要购买。由于春季新鲜的圆白菜一般薄的有一些松散，在挑选时，要尽量选择水灵且柔软的。

2. 掂重量：包裹得紧密、结实的圆白菜，放在手上应该很有沉重感。

3. 看颜色：叶片呈绿色并有光泽的圆白菜一般口感比较好，而叶片颜色泛白的，口感要稍差一些。

4. 压表面：用拇指轻压圆白菜表面，稍有内陷的圆白菜质量较好。

5. 看切口：拿起圆白菜，看一下菜根的切口是否湿润，如果切口过于干燥则不够新鲜。

〈 正确保存方法 〉

1. 买回的圆白菜在未食用前先不清洗，放置在无阳光照射的室内荫凉通风处，可保存约 3 ~ 5 天，放置于冰箱冷藏，宜以纸袋或报纸包裹后存放，可保存 1 ~ 2 周。尽量避免用塑料袋或密封袋等不透气包装，以免水汽加速外叶腐烂。

2. 若购买以保鲜膜包覆的圆白菜，存放前先将保鲜膜去除，待水汽蒸发后，再放入密封袋或用报纸包裹后置于冰箱冷藏。

〈 避免有害物质滋生的方法 〉

冲洗浸泡法或酸碱中和法→汆烫法

1. 见前文"去除添加剂的食品处理法"冲洗浸泡法或酸碱中和法。圆白菜的外叶残留农药多，环境污染的毒素也最易附着，因此清洗前，先剥去 3 ~ 5 片外叶能大幅降低危险性，再将整颗圆白菜由中间对半切开，挖除中间根部及菜心的部分后再清洗。

2. 见前文"去除添加剂的食品处理法"汆烫法。若发现圆白菜内有较多菜虫，可在洗净之后用沸水煮过约 3 ~ 5 分钟。

🥬小白菜

小白菜生长期短，约25～30天即可采收，且在南方地区四季皆可生长，因此当天然灾害造成蔬果损伤时，小白菜往往是菜农最常复耕、抢收的菜种。由于生长期短，农民在栽种过程中为防止病虫害会喷洒农药，或促进生长添加化肥，当这些非天然物质使用过多，残留在叶面上时，若消费者在烹调前并未加以处理则可能将有害物质吃进肚子里，造成体内毒素的残留。

〈 基本档案 〉

别名	青菜、长梗菜、鸡毛菜、油白菜、土白菜。
主要产季	一年四季皆可栽种，以春、秋两季为佳。
栽种方式	需充足的光照并具备排水良好的砂质土壤，植株必须保持15～20厘米的间隔距离，早晚各浇一次水以保持充足水分。生长期短，一般约25～30天即可采收。
天然状态	叶片色泽为黄绿或深绿，形状有圆形或汤匙形，叶片缘有时呈波浪状或齿轮状。
添加剂或残留物的使用目的	为减少病虫害滋生会施洒农药，为了促进生长会添加化肥。
容易残留的有害物质	农药、化肥、环境污染导致戴奥辛残留。

〈 不正确食用的危害 〉

残留农药、化肥、戴奥辛吃下过多会累积体内，造成肝、肾负担，严重者可能发展成慢性肝病或致癌。

〈 正确选购方法 〉

挑选的时候，要注意看小白菜的叶片是否完整光泽、直挺有生气，这样的小白菜会比较新鲜；而叶片发软，发蔫的小白菜，就不太新鲜了。

另外，小白菜叶片比较软薄、容易损伤，捆成捆贩售时，要注意挑选叶片和茎部比较完整的，并注意被捆住的部位是完整、没有破损的。

最重要的一点是，如果喜欢清甜脆嫩口感的，要挑选青口小白菜，而不要选择白口小白菜。因为青口小白菜清脆好吃，而白口小白菜口感微微发涩。

看小白菜是青口还是白口，主要是看根部上面的菜帮是发绿还是发白，发绿的就是青口的。青口小白菜的菜帮部位，除了颜色发绿外，也比较细、薄，同时，叶片也相对较小一些；而白口小白菜菜帮较宽厚、叶片较大。

〈 正确保存方法 〉

1. 在未食用前先不清洗小白菜，最好以纸袋或报纸包裹后存放冰箱冷藏，可保存 2 ~ 5 天。尽量避免用塑料袋或密封袋等不透气包装，以免水汽加速外叶腐烂。

2. 尽量在叶片腐烂前食用完毕以免影响口感。

〈 避免有害物质滋生的方法 〉

冲洗浸泡法或酸碱中和→汆烫法

1. 见前文"去除添加剂的食品处理法"冲洗浸泡法或酸碱中和法。亨调前切除根部，去除烂叶，再将叶子一片片剥开清洗。另外，可浸泡小苏打水中，以溶出剩余农药。

2. 见前文"去除添加剂的食品处理法"汆烫法。烹煮过程中，菜中残留农药随水蒸气蒸发而消失，因此炒菜或煮菜汤时不要加盖。

菠菜

　　菠菜的茎叶柔脆滑润，根部呈现红色是一大特征。秋冬盛产的菠菜在种子播种后只需30～40天即可采收，肥厚的叶鞘往往是农药与害虫残留的部位，因此在清洗上必须谨慎处理，才可将有毒物质去除。此外，非当季生产的菠菜常使用氮肥以促进生长，经植物吸收后易转换成对人体有害的硝酸盐，为避免危害，选购时令菠菜为佳。

　　▶叶面易残留农药。

　　▶叶鞘及根部易残留有害物质，黏稠物必须仔细清洗干净。

〈 基本档案 〉

别名	红嘴绿鹦哥、赤根菜、波斯草、鹦鹉菜。
常见种类	圆状叶片者为引进种，叶片上有许多纹路者为本地种，也有此两种的交配种。
主要产季	秋冬两季为盛产季节。
栽种方式	种子栽培前须先泡水，之后清洗干净并沥干，在播种前事先阴干才容易发芽。土壤需排水良好，忌酸性土，播种后30～40天即可采收。
天然状态	圆菠菜叶较大，根较细，叶色农绿，根呈红色。
添加剂或残留物的使用目的	施洒水溶性农药防止杂草与害虫，使用化肥促进生长。
容易残留的有害物质	农药、化肥（过量使用氮肥，易造成硝酸盐残留）、环境污染导致戴奥辛残留。

〈 不正确食用的危害 〉

残留农药、化肥、戴奥辛吃下过多会累积体内，给肝、肾造成负担，严重者可能发展成慢性肝病或致癌。

〈 正确选购方法 〉

1. 选购菠菜时，看其是否色泽浓绿，根部是否为红色，这样的菠菜较好。

2. 选择较嫩的菠菜，表现为茎叶不老、无开花等，不要购买存在黄色枯萎叶子的菠菜。

3. 若发现菠菜叶子出现局部暗黄、变色等现象，不要选购。

4. 选购叶子厚度较大的菠菜，用手托住根部能够伸展开来的菠菜较好，适合购买。

5. 选择叶子较大的菠菜，其叶面较宽，叶柄较短为最好。

〈 正确保存方法 〉

1. 菠菜不耐贮存，宜轻拿轻放，以报纸包好放入冷藏冰箱，可保存 4～5 天。

2. 取适量部分现洗、现切、现吃。

〈 避免有害物质滋生的方法 〉

冲洗浸泡法或酸碱中和法→汆烫法

1. 见前文"去除添加剂的食品处理法"冲洗浸泡法或酸碱中和法。先去除烂叶后切除根部，再将内部菜叶逐片冲洗，特别是叶柄与茎部常有黏稠物，需清洗干净。

2. 见前文"去除添加剂的食品处理法"汆烫法。热水可分解农药并去除菠菜所含的过量草酸。

+tips 小贴士 | **婴儿应避免摄取菠菜等硝酸盐含量高的蔬菜**

欧美曾出现有些婴儿发生呼吸困难，造成全身缺氧而使皮肤泛蓝紫色的"蓝婴症"，经追踪后发现是婴儿食品来源中的菠菜含有过量的硝酸盐。叶菜类容易因过量使用氮肥，造成硝酸盐残留。

韭菜

韭菜因其食用部位不同而有不同名称，供食用茎叶的叫"叶韭菜"，吃花蕾花茎的叫"韭菜花"，若在种植的过程中将韭菜荫蔽不照射到光线，使茎叶缺乏叶绿素变黄，称"韭黄"。

韭菜因具有特殊气味，有时被农民利用作为天然的驱虫作物。韭菜虽少虫害但易生锈病，即叶片出现铁锈色的病斑，因此栽培过程会喷洒药剂在叶片上以预防病害。而韭菜的菜虫"韭蛆"生长在地底下，会咬食韭菜的根，导致韭菜根部腐烂断裂不能生长，因此农民通常将农药直接灌根以驱逐害虫。

▶ 叶片因喷洒农药或施行灌根作业容易残留农药，必须翻开清洗。
▶ 因农民施行灌根作业以去除害虫，农药易残留于靠近根部的位置。

〈 基本档案 〉

别名	山韭、长生韭、扁菜、懒人菜、草钟乳、起阳草、韭芽。
常见种类	主要品种有大叶种、小叶种、年花韭菜。
主要产季	一年四季均适合韭菜生长，长年采收不间断。
栽种方式	播种法或分株法，但以种子播种较佳。播种期在11～3月，分株期只有在11～12月。栽种环境以黏质壤土为佳，排水及日照需良好。先将种子集中育苗，再移植菜圃栽培，长大后割取茎叶食用，割取后的切口再经培育40天左右，又可再收割，如此循环采收多次，至植株老化再重新播种育苗。
天然状态	颜色鲜绿，叶片手感柔软且厚实坚韧，闻起来韭香浓郁。

接上表

添加剂或残留物的使用目的	将农药施洒在根部长韭蛆的地方，称为灌根作业，以对付主要害虫"韭蛆"；为预防锈病会喷洒农药于叶面，或施洒化肥促进生长。
容易残留的有害物质	农药、化肥、环境污染导致戴奥辛残留。

〈 不正确食用的危害 〉

残留农药、化肥、戴奥辛吃下过多会累积体内，给肝、肾造成负担，严重者可能发展成慢性肝病或致癌。

〈 正确选购方法 〉

1.选购韭菜时，可轻折韭菜头，用手一折即断，代表品质优良新鲜。

2.成把买时最好逐一检视，避免尾端枯黄、叶片腐烂、折伤过多的产品，但不偏好外观过于完美的产品。

3.叶直、鲜嫩翠绿为佳，这样的营养素含量较高。末端黄叶比较少、叶子颜色呈浅绿色、根部不失水，用手能掐动的韭菜比较新鲜；叶子颜色越深的韭菜越老。

〈 正确保存方法 〉

1.韭菜忌干燥及水汽，刚买回家的韭菜不宜直接清洗，可先剔除烂叶，再用报纸包裹后套入塑料袋中，放于冰箱冷藏，可存放 2 ~ 3 天。

2.久放后韭菜茎叶易枯软黄化、丧失风味，最好现买现煮。

〈 避免有害物质滋生的方法 〉

冲洗浸泡法→氽烫法

1.见前文"去除添加剂的食品处理法"冲洗浸泡法。清洗前，切除白色尾端及头部较老的部位，并摘除外层较干枯的叶片，以清水仔细冲洗叶片内部。

2.见前文"去除添加剂的食品处理法"氽烫法。韭菜切成小段后再氽烫，热水可分解多余农药并溶解过量的化肥。

🥬 菜花

菜花食用的部位是植株上紧密结实的花球，即为花蕾。冬季是盛产期，非当季生产的菜花用药、用肥较重，不建议购买。此外菜花的虫害问题严重，栽培过程中农药的喷洒次数容易过多，又因花苞细小易残留农药和躲藏菜虫等有害物质，食用前的处理也就格外重要。

〈 基本档案 〉

别名	白色种又称花菜或花椰菜花；绿色种又称青花菜、西蓝花。
常见种类	绿菜花、白菜花。
主要产季	冬季。
栽种方式	育苗后在田间栽培，菜花喜好低温环境，在花球发育时将老叶折弯或以塑料布将花球覆盖可保持花球软白。当花球发育到最大，球体紧密、球面平整时则为采收期，通常约70～90天即可采收。
天然状态	花蕾为半球形，依品种不同呈深绿色或白色，花朵之间没有空隙，紧密结实，中央的柄为青翠绿色。
添加剂或残留物的使用目的	因虫害问题严重因此经常性喷洒农药，生长期也会施洒化肥。
容易残留的有害物质	农药、化肥、环境污染导致戴奥辛残留。

〈 不正确食用的危害 〉

残留农药、化肥、戴奥辛吃下过多会累积体内，给肝、肾造成负担，严重者可能发展成慢性肝病或致癌。

〈 正确选购方法 〉

1.看菜花的颜色。好的菜花呈现白色，或淡乳色，稍微有些发黄都是正常的。

2.观察菜花的紧密度。菜花的新鲜与否，可以通过观察它的果实紧密度来判断，密实的菜花做出菜来好吃。

3.选成熟好的菜花。买菜花时，要挑选成熟好的，主要看花球周边，没有散开的比较好。有些菜花熟过了，或放时间长了，根部会出现腐烂，在挑选时要特别注意。

4.看好叶子部分。菜花叶子新鲜，菜花才会新鲜。在购买菜花时，要看好叶子，比较翠绿的、饱满的叶子才好。在购买时，如果菜花叶子太多也不好，会增加重量，可以要求卖家削去一些叶子。

〈 正确保存方法 〉

1.因花蕾无法持久，以纸巾吸干水分后或以纸巾包覆，再使用保鲜膜或塑料袋包好，直立置入冰箱冷藏。冷藏尽量不超过 5 天，否则会影响口感。

2.为避免菜花开花，可将清洗好的菜花分切小朵后氽烫放凉，再冷冻保存，可延长保存期。

〈 避免有害物质滋生的方法 〉

储放法冲洗浸泡法→氽烫法

1.见前文"去除添加剂的食品处理法"冲洗浸泡法。在流动清水下冲洗花蕾带出表面脏污，再将菜花分切成小朵，并切除菜梗的切口及削去粗硬的外皮部分，以细软刷子将菜梗及花蕾表面稍微刷洗，再浸泡清水，如此重复清洗 2 ~ 3 遍。

2.见前文"去除添加剂的食品处理法"氽烫法。氽烫后的菜花可以冰水泡一下，维持清脆口感，避免变黄。

黄瓜

黄瓜生长期短，采收期长，早晚各采收一次。在连续采收下必须持续喷洒农药才可持续采收，相对的农药残留也较多。为了保留黄瓜的口感及脆度，一般在食用黄瓜时通常不将墨绿色的表皮去除，因此食用前的清洗格外重要，以海绵或细软刷子将表皮残留的农药清除是最有效果的方式。

〈 基本档案 〉

别名	胡瓜、青瓜。
常见种类	因品种大小差异，除黄瓜外，体型大者为大黄瓜，又称胡瓜、刺瓜。
主要产季	全年皆有，夏、秋两季盛产。
栽种方式	种子育苗后再移植土里，需有良好的排水设施。黄瓜在生长期因藤蔓会持续生长而需搭棚架，生长至棚架顶后则会愈来愈小根。栽种后40天即可采收，采收期长达60天，直到藤枯黄为止。
天然状态	墨绿色的长条状，瓜身粗细均匀略弯，表面不平整有颗粒状突起。
添加剂或残留物的使用目的	黄瓜病虫害问题严重且为连续性采收蔬菜，因此属经常性喷洒农药的蔬菜。
容易残留的有害物质	农药、化肥、环境污染导致戴奥辛残留。

〈 不正确食用的危害 〉

残留农药、化肥、戴奥辛吃下过多会累积体内，给肝、肾造成负担，严重者可能发展成慢性肝病或致癌。

〈 正确选购方法 〉

1. 表皮的刺小而密，鲜黄瓜表皮带刺，如果无刺说明黄瓜老了，以哪种轻轻一摸就会碎断的刺为好。刺小而密的黄瓜较好吃，那些刺大且稀疏的黄瓜没有黄瓜味。

2. 体型细长均匀，那些大肚子的黄瓜子比较多，看上去细长均匀且把短的黄瓜口感较好。

3. 表皮竖纹突出，好吃的黄瓜一般表皮的竖纹比较突出，用手摸及用眼看都能觉察到。而那些表面平滑，没有什么竖纹的黄瓜不好吃。

4. 黄瓜的颜色颜发绿、发黑的比较好吃，浅绿色的黄瓜不好吃。

5. 个头不要太大，太大的黄瓜不好吃，相对来说个头小的黄瓜比较好吃。

〈 正确保存方法 〉

擦干黄瓜表面的水分，以报纸包好或放入密封袋后置于冰箱冷藏，可保存 4 ~ 5 天。

〈 避免有害物质滋生的方法 〉

储放法→冲洗浸泡法或酸碱中和法→盐搓法

1. 见前文"去除添加剂的食品 处理法"储放法。买回的黄瓜放入容器中再放入冰箱冷藏 2 天，使农药自然挥散或药性减退，并可保鲜。

2. 见前文"去除添加剂的食品处理法"冲洗浸泡法或酸碱中和法。由于黄瓜不需要削皮即可食用，因此需以大量清水冲洗，并使用海绵或细软刷子仔细刷洗表皮。

3. 盐搓法：在案板上撒盐，将清洗后的黄瓜放在板上以双手滚动搓揉，可去除表皮粗糙部分，并溶出表皮有害物质，之后再以清水冲洗即可。一条黄瓜约用 1/2 小匙的盐。

苦瓜

苦瓜在南方地区一年四季皆可生长，依食用颜色可分为白皮种及绿皮种，一般在市场所见以白皮种居多，主要特色是表皮光亮，果面遍布许多疣状凸起物。

〈 基本档案 〉

别名	癞瓜、凉瓜、锦荔枝。
常见种类	依果皮颜色可分为白皮种（白玉苦瓜）、绿皮种（翠玉苦瓜）以及外皮呈深绿色、瓜米细小的山苦瓜等三大类。
主要产季	一年四季均可生产苦瓜，以春、夏两季为主。
栽种方式	以播种法或嫁接育苗的方式栽培，生长期间搭建棚架，需采光良好。果实生长期间使用套袋，可防害虫，并能使果实颜色由青绿转为纯白，增加美观。
天然状态	苦瓜外形光亮，呈白色或青绿色，果面突起纹路饱满、形状大小不一，果型属长条形。
添加剂或残留物的使用目的	生育期长，需肥量大，为维持品质，化肥及有机肥的补充非常重要，另外为了驱逐害虫会喷洒农药。
容易残留的有害物质	农药、化肥、环境污染导致戴奥辛残留。

〈 不正确食用的危害 〉

残留农药、化肥吃下过多会累积体内，给肝、肾造成负担，严重者可能发展成慢性肝病或致癌。

〈 正确选购方法 〉

1. 苦瓜的外皮：它身上一粒粒的果瘤就是判断苦瓜好坏的关键。外表的颗粒越大越饱满则代表了里面的果肉越厚。反之如果外表的粒粒很小，则是苦瓜里面果肉也较薄。

2. 颜色：挑选的时候应当挑翠绿色外皮的苦瓜，这种是比较新鲜的。而有些发黄了的苦瓜则是生长过头了的，吃起来没有苦瓜应有的口感，会发软，没有脆实的感觉。

3. 苦瓜脆而清香，虽然有苦味，但大家喜欢的也正是这独特的苦味。有的店铺会现场掰开一个苦瓜做样子，大家可以品尝一下，如果没有脆实的口感，也不怎么苦的，就不要买了。

4. 挑选苦瓜，应当挑选幼瓜，这是因为成熟了的苦瓜很容易熟过头，从而错过了最美味的时候。而挑选幼瓜，会很好的保证里面的口感与营养。

5. 重量，挑选苦瓜的重量应以 500 克左右为标准。这样的苦瓜果肉厚、口感好，苦瓜里面的汁液也会比较的充足。不建议大家挑选较小的苦瓜，因为会很苦的。大家挑选的时候选择较沉并且直流的就可以。

〈 正确保存方法 〉

1. 苦瓜未切时可以用报纸包好后放入冰箱冷藏。若已清洗，宜对半切开去除蒂头、瓜子及内部白膜，以保鲜膜包裹放置冰箱冷藏。

2. 苦瓜不耐保存，置于冰箱存放不宜超过 2 天，最好买回当天食用完毕。

〈 避免有害物质滋生的方法 〉

见前文"去除添加剂的食品处理法"冲洗浸泡法或酸碱中和法。以流动清水冲洗时，搭配海绵或软毛刷轻轻刷洗表面凹凸不平处。

青椒

青椒一年有两次栽种期，而一期的采收时间约有150天，因此本土青椒产量丰富。但青椒外形凹凸不平整，残留物很容易积蓄在果皮凹陷处，清洗时必须使用软毛刷在表面刷洗，才可有效去除农药残留物。

〈 基本档案 〉

别名	灯笼椒、柿子椒。
常见种类	深绿色的称青椒，铭星、天王星、蓝星、巨钟、青宇为常见品种；红色或黄色的则通称青椒。
主要产季	早春播种，初夏即可采收。秋冬季播种，采收期则在隔年的早春，盛产期为十月到隔年五月。
栽种方式	于田间栽培或温室以播种栽培，土质需肥沃且排水良好，生长期间最好立支架以防倒伏。
天然状态	表面凹凸不平，外观紧实光滑且尾端呈尖形，体积丰满不凹陷。
添加剂或残留物的使用目的	由于青椒对病虫害抵抗力较弱，为增加产量以及便于栽培管理，农民常会使用农药与化肥。
容易残留的有害物质	脂溶性农药、化肥、环境污染导致戴奥辛残留。

〈 不正确食用的危害 〉

残留农药、化肥、戴奥辛吃下过多会累积体内，给肝、肾造成负担，严重者可能发展成慢性肝病或致癌。

〈 正确选购方法 〉

1. 顶端的柄呈鲜绿色的才是成熟的。成熟的青圆椒外观新鲜、厚实、明亮，肉厚；顶端的柄，也就是花萼部分是新鲜绿色的。未成熟的青椒较软，肉薄，柄呈淡绿色。

2. 有弹性的才新鲜。新鲜的青椒在轻压下虽然也会变形，但抬起手指后，能很快弹回。不新鲜的青椒常是皱缩或疲软的，颜色晦暗。此外，不应选肉质有损伤的青椒，否则保存时容易腐烂。

3. 四个棱的肉质厚。棱是由青椒底端的凸起发育而成的。而凸起是由青椒发育过程中由"心室"决定的，生长环境好，营养充足时容易形成四个"心室"。也就是说，有四个棱的青椒，要比有三个或两个棱的青椒肉厚，营养丰富。

〈 正确保存方法 〉

青椒适合存放在 5℃ ~ 10℃ 的温度中，太冷易变软，冬季可在室温下储藏于荫凉处。若放入冰箱冷藏，先以多层纸张或报纸包裹，或放入塑料袋中，袋口绑紧但袋内要留有空气，再放入冰箱存放，可保存约一星期。

〈 避免有害物质滋生的方法 〉

冲洗浸泡法或酸碱中和法→汆烫法

1. 见前文"去除添加剂的食品处理法"冲洗浸泡法或酸碱中和法。清洗时需使用软毛刷刷洗表面，初步清洗后先去掉果蒂并挖除子，再重复清洗浸泡。

2. 见前文"去除添加剂的食品处理法"汆烫法。由于青椒使用的农药为脂溶性农药，只以清水很难洗净，放进沸水汆烫约 30 秒，可清除残留于角质层的农药。

番茄

番茄整年皆有种植，种类繁多，可鲜食、烹调、榨汁、加工，食用用途广泛。番茄虫害不断且属连续采收蔬菜，采收期间需倚赖农药维持品质，因此农药残留问题相当严重，且番茄喜肥，生长期间需不断给予肥料养分，用药、用肥皆重，食用前必须谨慎处理。

▶ 蒂头四陷处易残留及堆积农药。

▶ 农药易残留在光滑表面上。

〈 基本档案 〉

别名	西红柿、柿子。
常见种类	番茄依外形、颜色、体型大小种类繁多，整体而言常见的有：黑柿子、圣女小番茄、桃太郎、牛番茄、红番茄、黄番茄。
主要产季	全年均有栽培，主要产季在春、秋两季。
栽种方式	播种繁殖，生长期间需立支架，大多采弯弓式棚架。水分需求高，适合排水良好的砂质壤土，且番茄喜光照和喜肥，需充足的阳光及肥料。夏季开花后约25～30天即可采收，秋季则在开花后约45～50天成熟。
天然状态	果实有长圆形、椭圆形、圆球形、卵圆形、扁圆形等，大多果面光滑或带有突起面，果蒂鲜绿、果实丰满圆润者为佳。
添加剂或残留物的使用目的	有些地区气候过于湿热，因此番茄容易生病且虫害问题不断，栽种期会大量使用农药；且番茄在连续采收期都持续喷洒农药，会造成农药残留问题，而番茄生长期间需要不断给予肥料养分，而使用化肥。
容易残留的有害物质	农药、化肥、环境污染导致戴奥辛残留。

〈 不正确食用的危害 〉

长期吃下残留在番茄果实上的农药，堆积在体内容易影响肝、肾脏功能，可能发展为慢性病或引发中毒。

〈 正确选购方法 〉

1. 颜色越红越好，这里意思是自然成熟的番茄，不包含人工催红的番茄。因为番茄越红说明越成熟，发育比较充分，所以比较好吃。

2. 识别人工催熟的红番茄，可采用几种方法辨别催熟番茄，一是外形，催熟番茄形状不圆，外形多呈棱形。二是内部结构，掰开番茄查看，催熟番茄少汁，无子，或子是绿色。自然成熟的番茄多汁，果肉红色，子呈土黄色。三是口感，催熟的番茄果肉硬无味，口感发涩，自然成熟的吃起来酸甜适中。

3. 外形圆润、皮薄、有弹力的较好吃，可以先挑选外形圆润的番茄，那些呈棱形或表皮有斑点的不太好。

4. 底部（果蒂）圆圈小的好吃，现在很多大棚里的番茄果筋比较多，不太好吃，可观察番茄底部（果蒂），如果圆圈较小，则说明筋少，水分多，果肉饱满，而底部圆圈大的番茄则筋多，不好吃。

〈 正确保存方法 〉

1. 存放时将蒂头朝下并分开放置，不可重叠摆放，容易腐烂。

2. 尚未完全成熟的番茄可储放在荫凉处，全熟番茄置于冰箱冷藏可延长贮存时间。

〈 避免有害物质滋生的方法 〉

储放法→冲洗浸泡法或酸碱中和法→氽烫法去皮

1. 见前文"去除添加剂的食品处理法"储放法。未成熟的青番茄需在室温储放至果实颜色转红后才可食用，这段时间可让残留的农药挥发，减少药性。

2. 见前文"去除添加剂的食品处理法"冲洗浸泡法或酸碱中和法。如需连皮食用，可使用海绵或软毛刷清洗彻底。清洗完毕才可将蒂头去除，以免农药顺着水渗入果实内。

🥬 莲藕

莲藕是莲花埋在泥土里的地下茎，而非根部，表皮细胞薄，水容易渗透，生于水底土层中，肥大粗壮，有明显的藕节，中空有孔是为输送生长所需氧气而存在，而莲花结成果实种子后即为莲子。莲藕属无性繁殖，主要采收季节为夏季，有时农民或商人为了外表美观会添加漂白剂，使莲藕洁白增加卖相，却对健康造成危害。

〈 基本档案 〉

别名	莲根、藕、七孔菜、荷花藕。
常见种类	一般分红花藕、白花藕和麻花藕，依食用方式可以分为甜藕、菜莲、粉藕，依栽培环境可分为浅水藕与深水藕。
主要产季	夏季。
栽种方式	莲藕以地下根茎当成种苗来繁殖，埋于水底泥中，另有以孢子形成菌丝繁殖。莲藕最适宜生长在 20℃ ~ 30℃ 的环境，南部地区气温较高约 6 ~ 8 月可陆续采收，北部气温较低，采收约晚一个月，采收时需使用钉耙将烂泥挖开。
天然状态	长度适当，呈圆柱形、茎肥大、表皮光滑略带黄色或微红、质地坚实、每节两端细小、藕肉肥厚而气孔大。
添加剂或残留物的使用目的	为使其外观洁白、卖相好，而添加漂白剂。
容易残留的有害物质	漂白剂、环境污染导致戴奥辛残留表面泥土。

〈 不正确食用的危害 〉

含有二氧化硫成分的漂白剂，一般人食用过量易造成呕吐、腹泻、呼吸困难等症状；对过敏体质者而言，则可能会诱发气喘、过敏性肠胃炎等症状。

〈 正确选购方法 〉

1. 藕节粗且短：选购时要挑较粗短的藕节，成熟度足，口感较佳。

2. 藕节间距长：藕节与藕节之间间距愈长，莲藕的成熟度愈高，口感较松软。

3. 外形要饱满：莲藕要外形饱满，不要选择外形凹凸不完整的莲藕。

4. 内外皆无伤：购买莲藕时，要注意有无明显外伤。如果有湿泥裹着，选购时可将湿泥稍微剥开看清楚。

5. 颜色勿过白：市面上已洗好、卖相佳的莲藕可能经化学制剂柠檬酸浸泡，颜色较白，不建议购买。

6. 色黄无异味：莲藕外皮颜色要光滑且呈黄褐色，如果发黑或有异味，不建议选购。

7. 通气孔较大：如果是已经切开的莲藕，可以看看莲藕中间的通气孔，通气孔大的莲藕比较多汁。

〈 正确保存方法 〉

1. 避免多余的水分，最好先擦干，再用报纸或塑料袋包裹，放进冰箱冷藏；切过的莲藕应在切口处以保鲜膜包覆，置入冰箱保存。

2. 莲藕切开后易氧化变黑，应尽快烹调食用。

〈 避免有害物质滋生的方法 〉

冲洗浸泡法→去皮法

1. 见前文"去除添加剂的食品处理法"冲洗浸泡法。用海绵或菜瓜布在莲藕上轻刷，去除表面的淤泥及可能残留在表面上的漂白剂。若切开后发现藕洞有泥垢，可用筷子戳出，再以清水冲洗。

2. 见前文"去除添加剂的食品处理法"去皮法。用刨刀将外皮削除后，浸泡醋水可预防变黑。

白萝卜

白萝卜全株可供食用，属地下根茎，呈圆筒状，外表与内肉同样是白色。在南方地区全年皆可收成，但以冬季产量最盛，品质最好，价格也最低。农民或商人为了卖相更好，会添加漂白剂，增加美观，因此挑选安全新鲜的白萝卜应以表皮光滑且略带泥土较安全。白萝卜的农药主要施洒在叶面，叶子是农药残留最为严重的部分，食用前将萝卜叶自根部切除就可以去除大部分残留的农药。

〈 基本档案 〉

别名	土人参、萝卜。
常见种类	依外皮颜色有白色、粉红、青绿等；依肉色则有白、青绿、紫红等不同品种；依根的长短可分为短根品种和长根品种。
主要产季	四季都有收成，冬季为盛产季节。
栽种方式	以播种方式田间栽培，生长于排水良好且表土深厚的砂质壤土。栽培期间需保持土壤湿润，浇水时应量少分多次，有利于根部肥大以及促进肥效。
天然状态	白萝卜外形有圆、扁圆、圆锥、长圆锥等形状，表皮光滑无裂痕、色白且肉质结实饱满。
添加剂或残留物的使用目的	为了让白萝卜的卖相更好，浸泡漂白水，使外观洁白；防止病虫害而施洒农药。
容易残留的有害物质	漂白剂、农药、环境污染导致戴奥辛残留表面泥土。

〈 不正确食用的危害 〉

1. 吃下过多的残留农药、戴奥辛会累积体内，给肝、肾负担，严重者可能发展成慢性肝病或致癌。

2. 含有二氧化硫成分的漂白剂，一般人食用过量易造成呕吐、腹泻、呼吸困难等症状；对过敏体质者而言，则可能会诱发气喘、过敏性肠胃炎等。

〈 正确选购方法 〉

1. 看颜色。也不能说全部是白色，颜色上有白色、米白色，如果带点泥土，那就是黄白色了。

2. 看外皮。挑选白萝卜的时候，最好挑个儿大的，而且形状比较规则的，这样的话便于剥皮。另外，如果表面比较多坑坑洼洼的地方，那么也慎选，可能有虫害。

3. 看手感。好的萝卜，手感比较结实。如果拿起来，感觉比较轻的，那么可能里面空心化了，是很缺水的表现，像棉花一样，没有食用价值。

4. 掰开看。萝卜比较容易掰的，用手用力就能把萝卜扭断。扭断后，在断口出可以看出萝卜的品质。如果比较多小洞，那么可能有点空心了，要慎选。

〈 正确保存方法 〉

1. 由于带叶的白萝卜会吸收水分加速根部萎缩，因此刚买回的白萝卜须先将上端的叶子从根部切除，也顺带去除大部分残留的农药。再将白萝卜以报纸包裹后，可存放于室温下约 5 ~ 7 天，若置入冰箱冷藏，可维持新鲜度。

2. 切除后未使用完的白萝卜，以密封袋或保鲜膜包裹后再冷藏，否则容易干燥并丧失口感。

〈 避免有害物质滋生的方法 〉

冲洗浸泡法→去皮法

1. 见前文"去除添加剂的食品处理法"冲洗净泡法。先切除白萝卜联结茎叶处的顶端，可以使用海绵或软刷在大量流动清水下刷洗白萝卜表面。

2. 见前文"去除添加剂的食品处理法"去皮法。白萝卜须以清水洗净后再削皮，避免有害物质接触白萝卜，且去皮后的白萝卜再以清水冲洗，去除剩余的残留物。

🥬 土豆

土豆食用的部分属植物的成熟块茎，烹调用途广泛，也是加工食品的原料之一。土豆性喜寒冷，属冬季作物，栽培期间易有病害因此会给施洒农药以预防或抑除病害。一般根茎类作物如土豆、红薯、芋头等，生命力强健，用药并不重，储放之后药效可大幅减退。土豆的表皮带微量天然毒素"茄灵"，发芽后的芽眼毒素含量激增，吃了有害健康。由于茄灵耐热，煮后也不易去除，因此在食用前必须削除外皮及挖除芽眼，借此亦可除去附着在外皮的残留农药。

〈 基本档案 〉

别名	洋芋、洋薯、地豆、豆薯、马铃薯。
常见种类	黄肉或白肉种。
主要产季	栽培适期为1月中下旬至2月间，收获期为5～6月。
栽种方式	一般以无性繁殖栽培，取植株做培养，种薯切块1～2天后进行田间种植，晴天时作业，切口向下直接接触土壤，芽眼部分朝上。种植期间土壤须保持一定湿润，生育期短，栽培后3～4个月成熟，利用施肥技术容易控制生长。
天然状态	属地下茎，呈块状、扁球状或矩圆状，未发芽的表皮带有浅褐色光泽。
添加剂或残留物的使用目的	为预防病害，栽培期间会施洒农药。
容易残留的有害物质	农药、环境污染导致戴奥辛残留表面泥土、茄灵。

〈 不正确食用的危害 〉

1. 残留农药、戴奥辛吃下过多会累积体内，给肝、肾造成负担，严重者可能发展成慢性肝病或致癌。

2. 未成熟或发芽的土豆含有毒素"茄灵"。茄灵会干扰乙酰胆碱的神经传导功能，人类中毒的茄灵量为 20 毫克 /100 克，食用后产生苦味，轻者类似感冒症状，腹泻、全身无力；严重者有神经麻痹、呼吸困难的症状。

〈 正确选购方法 〉

1. 土豆要选没有破皮的，尽量选圆的，越圆的越好削。

2. 起皮的土豆又面又甜，适合蒸着、炖着吃；表皮光滑的土豆比较紧实、脆。

3. 黄肉的土豆比较粉面，白肉的比较甜。过大的土豆可能是生长过时的。

4. 选土豆一定要选皮干的，不要有水泡的，不然保存时间短，口感也不好。

5. 不要有芽的和绿色的，这样就差不多了。凡长出嫩芽的土豆已含毒素，不宜食用。

6. 如果发现土豆外皮变绿，哪怕是很浅的绿色都不要食用。因为土豆变绿是有毒生物碱存在的标志，如果食用会中毒。

〈 正确保存方法 〉

1. 常温保存，由于土豆采收后仍继续行呼吸作用，不宜成堆叠放，否则呼吸作用产生的热气容易引起变质，可摊放或以报纸包好放置于荫凉处贮存。

2. 可以将土豆与苹果摆在一起，放在荫凉的地方保存，若置于冰箱冷藏，则一同以报纸包好放入密封袋内。由于苹果会释放一种使其他蔬果老化的乙烯气体，可以抑制土豆发芽。

〈 避免有害物质滋生的方法 〉

见前文"去除添加剂的食品处理法"储放法→见前文"去除添加剂的食品处理法"冲洗浸泡法→见前文"去除添加剂的食品处理法"去皮法。洗掉土豆外皮的泥土，再削皮并挖除芽眼，可减少中毒机会，发芽过于严重者则整颗土豆皆不宜食用。

豆芽

豆芽一般可以绿豆或黄豆种植，黄豆芽茎较粗，绿豆芽茎则较嫩。栽培环境须在密闭阴暗的空间内，豆芽在无法行光合作用下才能长得白。由于豆芽容易繁殖，较少农药危害，常是风灾过后，菜价普遍上涨之下的便宜选择，但有些商人为使豆芽看起来洁白，采收后会浸泡漂白剂，达到美白效果又可延长保存期，或栽培中使用生长激素使茎部肥大以增加卖相，这些添加剂都使得豆芽暗藏健康风险。

▶ 茎部过于洁白肥厚的豆芽容易有漂白剂残留。
▶ 茎部过于肥胖的豆芽可能摄取过量的植物生长激素。

〈 基本档案 〉

别名	绿豆芽又称银芽，黄豆芽也称如意菜。
常见种类	绿豆芽、黄豆芽。
主要产季	全年皆可种植。
栽种方式	温水消毒种子后，浸种催芽。在密闭但通风的空间种植，避免接触光线，绿豆发芽速度比较快，黄豆芽则需较多时间。当种子撒下的时候，在上方覆盖一层重物，施予压力，可使豆芽生长得整齐又漂亮。栽培4～6天即可食用。
天然状态	茎部呈乳白色，芽身粗壮且光滑，长4～5厘米。

接上表

添加剂或残留物的使用目的	为使豆芽外观洁白以增加卖相，而浸泡含二氧化硫成分的漂白剂；为使豆芽的茎部肥大且缩短生长期，而使用植物生长激素。
容易残留的有害物质	漂白剂、生长激素。

〈 不正确食用的危害 〉

1.含有二氧化硫成分的漂白剂，一般人食用过量易造成呕吐、腹泻、呼吸困难等症状；对过敏体质者而言，则可能会诱发气喘、过敏性肠胃炎等。

2.食入过量的生长激素，会给肝、肾造成负担，影响免疫系统，甚至可能引发癌症。

〈 正确选购方法 〉

1.豆芽新鲜的好。但是不一定最白、最透亮的就好。有的放了漂白剂。这些漂白剂可以放在食品中，但是豆芽是新鲜蔬菜，不需要添加。

2.豆芽的根太短的不好。有一种不是农药，是一种除草剂，主要作用是减少根的生长，经过稀释之后放在生豆芽的水中，根就会非常短。

3.正常的豆芽根比较长。由于豆芽生长的过程中，需要吸收水分，所以时间长的时候根已经很长了。有些根是正常的。

〈 正确保存方法 〉

豆芽不耐贮存，先泡水沥干后以保鲜盒或塑料袋包好置于冰箱冷藏，尽早食用为佳。

〈 避免有害物质滋生的方法 〉

见前文"去除添加剂的食品处理法"冲洗浸泡法。以清水冲洗后浸泡于水中，可防止豆芽变黑，还可溶出多余漂白剂，在烹调前去掉须根，可除去可能残留在根部的药剂。

第三节
水果正确选购与处理方法

　　果农为增加产量或防治病虫害，多喷洒农药或大量施肥。因此水果常见的残留问题以残留农药、戴奥辛等有害物质居多。农药可分为水溶性农药和脂溶性农药，其中，预防疾病的杀菌剂多属于水溶性，主要残留于果皮表面；预防虫害的杀虫剂则多为脂溶性，主要残留于果皮下的角质层。戴奥辛则为环境激素，会透过空气、水源或土壤污染水果。

〈 如何选购水果 〉

　　选购水果的基本原则以当季盛产为佳，此外，优质的水果果形完整、果皮呈现自然色泽，果肉成熟适中。为避免农药残留，选购时应留意以下原则：

　　购买当令季节水果：不合时令的水果，因提前采收或预先存放，而比较容易有农药残留的问题，例如，上市季节在 10 ～ 12 月的芦柑为增加贮藏期，以便春节期间仍可销售，会浸入防霉剂。

　　避免选购长期贮存或进口水果：商家有时常以药剂来延长贮存时间，比如进口柳橙、葡萄、苹果等，尽量减少购买。

　　表皮光滑或套袋保护的水果农药残留较少：表皮光滑的水果，如苹果、葡萄等，较少农药残留，而外表凹凸不平或有细毛的水果，如猕猴桃、水蜜桃、枇杷等，较容易附着农药，若采收时有套袋保护，农药不易残留。

　　避免选购外观过于亮丽完美的水果：外表好看的水果，有时农药残留反而最多，外表略有瑕疵、虫孔的水果并无损其风味与营养价值。

〈 如何处理或保存水果 〉

　　用大量清水冲洗水果，是减少残留的最好方法，清洗的主要目的除了去除灰尘及寄生虫外，最重要的是洗掉可能残留在表皮上的农药。需剥皮或去皮才能食用的水果，建议仍以清水冲洗后再剥皮或去皮，以避免去皮过程中污染果肉。虽然水果的果皮含有丰富营养，但同时也会残留农药、戴奥辛，最好还是去皮食用，或是选购有机水果。清洗时，宜用软刷或是以手搓洗，要注意的是，清洗过的水果会加快变质速度，因此为延长水果的贮存时间，宜食用前再清洗。

〈 贮藏水果的注意事项 〉

为了延长水果的贮存时间，冷藏是最简便的做法。但是有些水果并不适合长时间摆放冰箱中冷藏，因为果皮容易起斑点或呈现黑褐色，例如香蕉、芒果、木瓜等。另外，有些水果会自然生成乙烯，例如苹果、释迦、梨，会加速水果成熟及老化，同时催熟其他蔬果而使其不耐贮藏，因此贮藏此类水果时，要与其他水果分开存放。

苹果

健康的苹果所呈现的光泽是天然果蜡，有防晒、抗氧化作用，属水果天生的防卫机制之一，但在采收过程中会遭受破坏，因此果农会喷上食用蜡以延长保存期限与防虫。这种食用蜡可以在外皮喷水来辨别，若在表皮形成水滴状，表示为人工上蜡。此外，苹果的病虫害很多，使用杀虫剂的机会大，表皮容易残留农药或

空气中沉降的戴奥辛。

▶ 脂溶性农药少部分会残留在果皮下的角质层。

▶ 苹果果皮通常会喷上食用蜡，若洒水会形成水滴状。

▶ 苹果的农药及戴奥辛残留，大部分在果皮表层。

〈 基本档案 〉

别名	平安果、智慧果。
常见种类	元帅、黄香蕉、富士、红将军、蛇果等。
主要产季	盛产于秋季，视品种而定，常见五爪苹果（10月至隔年7月）及富士苹果（10月下旬至隔年2月）。
栽种方式	果树种植，适合生长在低温 9℃ ~ 14℃ 的环境。
天然状态	果实饱满，外皮带有一层淡淡光泽的天然果蜡。
添加剂或残留物的使用目的	喷洒农药为预防疾病与病虫害，喷洒化肥为促进果树生长与营养，采收后上蜡或使用保鲜剂以延长保存期。
容易残留的有害物质	农药、食用蜡、环境污染导致戴奥辛残留。

〈 不正确食用的危害 〉

　　苹果外皮所上的食用蜡不溶于水，无法被人体吸收，食入后会被排出体外，而少量农药、戴奥辛可通过人体正常代谢功能排出，但长期吃进含农药、戴奥辛的苹果，例如不洗净、不削皮就吃，使得果皮残留的有害物质长期累积体内，将给肝脏与肾脏造成负担，引起急性中毒症状或是慢性肝脏、肾脏疾病，甚至可能致癌。

〈 正确选购方法 〉

1. 选购苹果时，应挑选个大适中、果皮光洁、颜色艳丽、软硬适中、果皮无虫眼和损伤、肉质细密、酸甜适度、气味芳香者。

2. 成熟苹果有一定的香味、质地紧密、易于储存；未成熟的苹果颜色不好、也没有香味、储藏后可能外形皱缩；过熟的苹果在表面轻轻按压很易凹陷。苹果冷冻一段时间后能显示出内部损伤和碰撞伤痕。不规则的棕黄色或棕色伤斑不会严重影响苹果的食用质量。

3. 生长时未套袋的苹果虽然外表不好看，但是糖含量很高。从初春到夏季，这段时间的苹果是贮藏过的苹果，所以味道不是很新鲜。

4. 新鲜的苹果表皮发黏，并且能看到一层白霜，这并不是因为打过蜡，而是一层天然的蜡性物质，能够保护苹果。另外，有些苹果吃起来像加了蜜般香甜，这是因为受到阳光的充分照射后，在果实中形成一种特殊的糖类，这种糖渗透压很高，能够吸收周围组织的水分，所以吃起来就像加了蜜一样。

5. 劣质的苹果吃起来水分不足，如同木渣。

〈 正确保存方法 〉

1. 苹果适合放在冰箱中冷藏或是存放于荫凉处。为保持最佳风味与新鲜度，尽量于 1 ～ 2 周内食用完毕。

2. 苹果会产生乙烯，催熟其他一同存放的蔬果，最好以塑料袋或纸袋装好再放入冰箱，塑料袋可打小孔以便通气，避免水汽积聚使得病霉菌滋生。

3. 为避免果菜之间污染或催熟，可以用保鲜膜将苹果个别包装，再冷藏。

〈 避免有害物质滋生的方法 〉

见前文"去除添加剂的食品处理法"冲洗浸泡法→见前文"去除添加剂的食品处理法"去皮法。苹果可以连皮一起吃吗？苹果果肉富含维生素、矿物质等营养素，苹果皮则含有丰富的纤维素与植物抗氧化物质，因此苹果连皮一起吃营养更加分，但必须挑选有信誉的商家或是有机苹果，食用苹果前，反复刷洗苹果 2 ～ 3 次，可以降低农药残留，安心享用。

🍃 葡萄

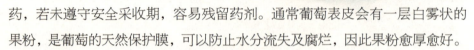

葡萄属于温带地区作物，果
园设计若通风不良，易生病害，
果农为使葡萄生长顺利、减少病虫
害，往往过度喷洒杀菌剂、杀虫剂等农
药，若未遵守安全采收期，容易残留药剂。通常葡萄表皮会有一层白雾状的
果粉，是葡萄的天然保护膜，可以防止水分流失及腐烂，因此果粉愈厚愈好。

▶ 脂溶性农药少部分会残留在果皮下的角质层。

▶ 葡萄果皮会有一层白色粉雾状的果粉，愈均匀浓厚愈好。

〈 基本档案 〉

别名	提子、蒲桃、草龙珠、山葫芦、李桃。
常见种类	巨峰（紫黑色）、玫瑰香（粉红色）、无子露（黄绿色）、春峰（紫黑色）。
主要产季	一年四季皆有，盛产于夏季（6月下旬至8月上旬）。
栽种方式	棚架栽培或温室栽培为主，以排水良好的中性或微碱性的砂壤土及壤土为佳，对石灰营养的要求大。
天然状态	果实饱满完整、表皮带有均匀白色天然果粉。
添加剂或残留物的使用目的	农药为预防病虫害、抑制杂草，生长调节剂及肥料为促进果树生长与营养。
容易残留的有害物质	农药、生长调节剂及化肥、环境污染导致戴奥辛残留。

〈 正确选购方法 〉

1. 新鲜的葡萄表面有一层白色的霜，用手一碰就会掉，所以没有白霜的葡萄可能是被挑挑拣拣剩下的，白霜都掉了。还有就是，绿皮的葡萄看不出白霜，这个方法不适用。

2. 新鲜的葡萄果梗硬朗，果梗与果粒之间比较结实，库存时间长的普通提起果梗果粒就摇摇欲坠了。

3. 同一串上的葡萄，当然是越大越好吃，所以挑选葡萄的时候要挑同一串上大果粒较多的。

〈 正确保存方法 〉

1. 葡萄容易受水汽破坏，可以用报纸包好以吸附水汽，若用塑料袋存放宜先打洞通气，再放入冰箱冷藏贮存，可保存 1 ~ 2 周。

2. 腐烂的葡萄果粒会加速其他果粒变质，先将烂果去除再存放为宜。

〈 避免有害物质滋生的方法 〉

冲水浸泡法→去皮法

1. 将整串葡萄以剪刀从蒂头和果实交接处小心剪下一颗颗果实，勿伤蒂头及果皮。不要将果粒从果梗扯下，以免破坏果蒂且清洗时易污染到果肉。也不要留下果梗，以免刺伤其他葡萄。

2. 将剪下的葡萄放入盆中，加入适量淀粉，但先不加水，以手轻柔搓洗，使每颗葡萄均匀沾上淀粉。

3. 慢慢加大量清水冲洗，倒掉污水后，再加清水冲洗，重复此步骤 2 ~ 3 次，洗后的葡萄会呈现晶莹光泽。

4. 洗后的葡萄将水分沥干后，准备一条干净毛巾或纸巾，将葡萄平铺其上，用手小心按压，吸干水分即可。可将干毛巾铺在平盘或平底锅内，再倒入葡萄粒，以摇晃容器的方式，使葡萄滚动以吸干残留的水分。

5. 葡萄可连皮食用，但若清水洗后仍残留点状白渍（即药斑），为避免吃进农药，建议用手剥皮后再食用。坊间流传以牙膏清洗，但易残留牙膏味，破坏葡萄香气，并可能残留牙膏的界面活性剂，用淀粉洗不但可带出葡萄的脏污且洗后无味、不残留。

梨

梨从种植到收获的过程，皆用套袋保护，因此较不易受到农药等有害物质污染，但是梨甜度颇高，容易吸引昆虫觅食，因此比较常用杀虫剂以减少病虫害，而杀虫剂容易残留在果皮下的角质层中。

▶杀虫剂容易残留在果皮下的角质层。

▶果皮表层易残留灰尘、害虫、戴奥辛。

〈 基本档案 〉

别名	山樆、水梨、果宗。
常见种类	北京的京白梨，辽宁的南果梨，河北的鸭梨、雪花梨、秋白梨、蜜梨，山西的油梨，山东莱阳的茌梨，安徽的砀山梨等。
主要产季	盛产于夏季与秋季（5~9月）。
栽种方式	一般为果树种植，高接梨则采嫁接种植，需留意光照充足，要求有机质含量高、保水及排水性好的砂质壤土。
天然状态	果皮光滑、果型完整、果实饱满、带有淡淡梨香。
添加剂或残留物的使用目的	使用杀虫剂、农药为预防病虫害、抑制杂草，施洒生长调节剂及肥料为促进果树生长与营养。
容易残留的有害物质	农药、杀虫剂、生长调节剂及化肥、环境污染导致戴奥辛残留。

〈 不正确食用的危害 〉

梨是较常使用杀虫剂的水果，杀虫剂容易残留在果皮下的角质层，如果未削去果皮而食用，此类脂溶性农药若长期大量累积在体内，会造成肝脏与肾脏负担而影响健康。

〈 正确选购方法 〉

1. 挑梨的时候要挑选形状比较匀称，外形比较圆的梨，不要选择表面有坑畸形的梨，畸形的梨畸形的部分口感不好。

2. 挑选里的时候还要注意表皮是否光滑，要挑选表皮光滑的梨，不要挑选表皮粗糙的梨。表皮光滑的梨要不表皮粗糙的梨水分多，口感甜。

3. 选梨要选择底部凹凸范围比较大且凹凸层次明显的梨，这样梨水分多，果肉细腻口感好。不要选底部凹凸范围较小的梨，这样的梨吃起来不甜果肉粗糙。

4. 选梨除了选凹凸感大的以外，凹进去的坑越深的梨也是水多，比较甜的。反之凹进去的坑比较浅的梨就是口感不甜，肉质粗糙，不好吃。

5. 不要选择有病斑、虫眼或是有磕伤的梨，这样的梨不易存放，易腐烂。

〈 正确保存方法 〉

1. 梨子适合以打洞通气的塑料袋或纸袋包好放入冰箱冷藏。

2. 梨不耐碰撞，保存时应留意存放空间，避免挤压加速腐烂。

〈 避免有害物质滋生的方法 〉

储放法→冲水浸泡法→去皮法

1. 见前文"去除添加剂的食品处理法"储放法。用无盖容器盛装或以旧报纸包裹梨，置放于荫凉处 3 ~ 5 天，使农药自然减退，但必须留意梨的熟度，以免过熟腐烂。

2. 见前文"去除添加剂的食品处理法"冲水浸泡法。用软刷、海绵或手来清洗，在流动的清水中反复刷洗梨 2 ~ 3 次。

3. 见前文"去除添加剂的食品处理法"去皮法。由于杀虫剂容易残留在梨表皮层，去掉一层果皮再食用较安心。

桃子

桃子品种众多，成熟的桃子质地柔软，极为脆弱，很容易碰伤。种植结果期间通常有套袋保护，因此可隔离与农药直接接触，大幅度减少农药与戴奥辛残留于果皮上。但桃子易受病虫害侵袭，且需要大量肥料帮助生长，因此用肥用药重，食用前最好还是除掉残留危险物质较多的果皮，不要带皮一起吃。

▶水蜜桃表皮有绒毛，易残留灰尘、害虫、农药、戴奥辛。

〈 基本档案 〉

别名	水蜜桃、毛桃、蟠桃、油桃、黄桃。
常见种类	我国桃的品种可划分为五个品种群： 1. 北方桃品种群：从 5 ～ 12 月陆续采收。主要分布于华北、西北和华中一带。 2. 南方桃品种群：主要分布于华东、西南和华南等地。 3. 黄肉桃品种群：我国西北、西南地区栽培较多，华北和华东较少。 4. 蟠桃品种群：江苏和浙江栽培最多，华北和西北较少。 5. 油桃品种群：产于西北各省区，尤以新疆、甘肃栽植较多。
主要产季	依品种不同，盛产于4~9月。
栽种方式	果树种植，适合低温地区、排水良好的砂质土壤环境。
天然状态	果皮完整带有细小绒毛、果实饱满有弹性、带有淡淡桃香。
添加剂或残留物的使用目的	使用农药为预防病虫害、抑制杂草，施洒生长调节剂及肥料为促进果树生长与营养。
容易残留的有害物质	农药、生长调节剂及化肥、环境污染导致戴奥辛残留。

〈 不正确食用的危害 〉

桃子的果皮带有绒毛，若清洗不彻底，容易将有害残留物吃进肚里，长期食用易使得农药、戴奥辛积蓄体内，造成肝脏与肾脏负担，引起急性中毒症状或是慢性肝脏、肾脏疾病，甚至有致癌风险。

〈 正确选购方法 〉

1.看桃型。味好多汁的桃子通常果体大而饱满，果皮多为黄白色色泽光亮，外皮无伤痕，无蛀虫斑，尖部和朝阳面呈微红色。

2.辨手感。在挑选桃子的时候，我们可以用手去捏一捏桃身，如果手感较硬的大都还未成熟，过于软塌的桃子都是过熟的，我们要尽量挑选手感适中的桃子。

3.闻桃味。用鼻子闻闻，如果甜味较大、有股清香味的一般都是好桃子，但是如果酸味较大、味道浑浊的，这样的桃子都为劣质的。

4.看果肉。如果条件允许的话，我们可以拨开桃子皮看下果肉，如果果肉白净，肉质较为柔软并与果核粘连，皮薄易剥就是好的桃子。

〈 正确保存方法 〉

1.成熟的水蜜桃质地柔软，保存不当容易因水分流失造成果皮干皱。可用报纸、保鲜膜、塑料袋小心包裹再放入冰箱冷藏，尚未成熟的桃子可以放到冰箱下层，以低温令其慢慢熟透，如果置放于室温容易发霉腐烂。

2.桃子的表皮绒毛具有保护作用，未食用前不要把绒毛洗掉，以保留新鲜度。

〈 避免有害物质滋生的方法 〉

冲水浸泡法 ﹥去皮法

1.见前文"去除添加剂的食品处理法"冲水浸泡。桃子容易碰伤，洗涤时不宜太用力，以免果皮破损，有害物质可能污染果肉，洗时尽量将绒毛彻底洗掉。

2.见前文"去除添加剂的食品处理法"去皮法。连皮洗净后再剥皮食用。

155

西瓜

西瓜，是葫芦科西瓜属一种原产于非洲植物或其果实。西瓜是一种双子叶开花植物，形状像藤蔓，叶子呈羽毛状。它所结出的果实是假果，且属于植物学家称为假浆果的一类。果实外皮光滑，呈绿色或黄色有花纹，果瓤多汁为红色或黄色（罕见白色）。西瓜喜欢高温少雨的生长环境，因此雨季后上市的西瓜，容易多汁但不甜。西瓜的产期集中在夏季与秋季，冬季的温度低，果实容易发生瓜皮厚。果肉空心和外表畸形的西瓜，多因果农使用催熟剂、生长激素或农药时喷洒不均，从而造成瓜皮表面有色斑或色差大、外表畸形的西瓜。

〈 基本档案 〉

别名	水瓜、夏瓜、寒瓜。
常见种类	黑美人、无子西瓜、特小凤、花皮西瓜。
主要产季	盛产于5~8月。
栽种方式	属于蔓性草本植物，在砂质土壤上育苗种植、嫁接栽培、沟渠式栽培，结果时因果体巨大会垂放地面，为避免果实腐烂，果农会在地上铺一层稻草作为保护。
天然状态	果皮条纹分明、果型饱满有弹性、果柄新鲜、带有淡淡果香。
添加剂或残留物的使用目的	使用农药为预防病虫害、抑制杂草，施洒催熟剂、生长激素等生长调节剂及肥料为促进果实生长与营养。
容易残留的有害物质	农药、生长调节剂及化肥、环境污染导致戴奥辛残留。

〈 不正确食用的危害 〉

1. 如果食用过量使用生长激素、膨大剂、催熟剂与农药的西瓜，果肉会有异味或甜味减少，还可能出现急性中毒的症状，如恶心、呕吐、腹泻等。

2. 残留农药、化肥、戴奥辛吃下过多会累积体内，给肝、肾造成负担，严重者可能发展成慢性肝病，甚至有致癌风险。

〈 正确选购方法 〉

西瓜根据品种不同,有大西瓜 (8 公斤以上),中型西瓜 (3 公斤～ 5 公斤),小型西瓜 (3 公斤以下)。各种西瓜因品种不同分为薄皮的和厚皮的。其中薄皮的又可分为皮韧和皮脆的。

1. 看习惯底部圈圈。西瓜的好坏生熟，好吃与不好吃，可以从西瓜底部的圈圈判断，圈圈越小越好，相反的，底部圈圈越大，皮越厚，越难吃。

2. 西瓜外表颜色最好挑青绿色，新鲜好吃，不要雾雾白白的，不甜也比较不新鲜。

3. 西瓜表面纹路整齐的，就是好瓜，相反纹路比较杂乱的则不好。

4. 西瓜头，就是所谓的蒂头，若是直直的一条线，就不甜，但若是卷曲圈起来的，就很甜。

〈 正确保存方法 〉

1. 整颗新鲜的西瓜摆放于室内荫凉处可保存 2 ～ 3 周。

2. 剖开后未食用完的西瓜，可用保鲜膜或塑料袋包好，或切片放入保鲜盒中，再放入冰箱冷藏贮存，由于冰箱湿气重，尽快于 1 ～ 3 天内食用完毕，避免变质而影响风味。

〈 避免有害物质滋生的方法 〉

见前文"去除添加剂的食品处理法"储放法→见前文"去除添加剂的食品处理法".冲水浸泡法→见前文"去除添加剂的食品处理法"去皮法。由于农药等有害物质容易残留在瓜皮，因此食用时避免嘴巴碰到瓜皮。

🥭 芒果

　　芒果适合在高温、湿气重的环境生长，但也易生病虫害。芒果果实香甜、香气浓郁，容易招引果蝇，且芒果表皮常感染炭疽病形成黑色病斑，因此需要施洒农药以维持果树健康。现在果农为了提高芒果品质，在收成前会以套袋保护，套袋的目的是防止病虫害、防止过度日照和促进芒果外表的果粉产生，因此套袋保护的芒果，果皮细致光滑并会自然生成白色果粉，并减少农药等有害物质残留。

〈 基本档案 〉

别名	檬果、漭果、闷果、蜜望、望果、庵波罗果。
常见种类	青皮芒果、红象牙芒、贵妃、紫花芒、桂七芒。
主要产季	盛产于5～10月间。
栽种方式	果树种植，为保护果实会进行套袋管理，果实发育初期需供给充足水分，发育后期则要控制水量，才能增加甜度。由于芒果果实具有乳汁导管，若导管破裂会流出大量白色含松烯、酚类化合物的乳汁，易使人体皮肤产生过敏反应，同时对果实果皮造成伤害，使品质下降，采收时需留意。
天然状态	果皮光滑、带有果粉、果型饱满有弹性，带有浓郁芒果香。
添加剂或残留物的使用目的	使用农药为预防病虫害、抑制杂草，施洒生长调节剂及肥料为促进果实生长与营养。
容易残留的有害物质	农药、生长调节剂及化肥、环境污染导致戴奥辛残留。

〈 不正确食用的危害 〉

　　芒果接近采收期时，皆以套袋保护，虽然可以降低农药等有害物质残留，但如果未经清洗就直接剥皮食用果肉，还是很容易污染果肉，其中表皮残留的乳汁会使人产生过敏，而农药、戴奥辛等有害物质长期食入，则会蓄积体内，对肝、肾造成负担，甚至有致癌风险。

〈 正确选购方法 〉

1. 看色泽。一般来说，金黄是大部分芒果成熟的颜色或者色泽，但是有的芒果成熟后也并非黄色。有一种产地称"红芒"，一般是红色的时候就可以吃的了，只是口味与其他金黄的芒果不大一样。

2. 看外皮。成熟了的芒果，外皮完好，但是不排斥黑点。根据成熟程度的不一样，黑点不大、没有扩散、没有烂掉的痕迹。

3. 看手感。好的芒果，感觉光滑度适中，皮薄、可以感觉到里面果肉的嫩。

4. 闻。成熟的芒果，是有香味的，特别是在芒果柄。

〈 正确保存方法 〉

1. 买回的芒果需等果肉软化，才可食用，未熟前不宜冷藏，存放于荫凉通风处即可。如果是十分熟的芒果，也需要置放在荫凉处 2 ~ 3 天，待淀粉完全转化成果糖，果肉的风味与口感更佳。成熟后的芒果以报纸包好放入冰箱冷藏，风味更佳，但不宜置放过久，2 ~ 3 日内食用完毕，避免芒果受寒害导致果肉品质下降。

2. 如果发现芒果表皮出现黑色斑点，以报纸包好后放入冰箱冷藏，尽快食用完毕，以免芒果过熟而影响风味。

〈 避免有害物质滋生的方法 〉

储放法→冲水浸泡法→去皮法

1. 见前文"去除添加剂的食品处理法"储放法。用无盖容器盛装或以旧报纸包裹芒果，置放于荫凉处 2 ~ 3 天，使农药自然减退。芒果需要后熟阶段，可以趁此时间让农药自然减退，但须注意时间，以免芒果过熟而影响风味。

2. 见前文"去除添加剂的食品处理法"冲水浸泡法。用软刷、海绵或手来清洗，在流动的清水中反复刷洗芒果 2 ~ 3 次。

3. 见前文"去除添加剂的食品处理法"去皮法。用刀子或手，将果皮小心剥除，并削去淤伤的部分。

🥬木瓜

木瓜属于热带水果，性喜高温约
25℃～30℃，遇冬季温度较低时，木瓜容
易受到冻伤，且木瓜易受病虫害，特别是蚜虫散
播的轮点病毒，会使果皮出现一圈圈圆点，导致整株果树萎
凋，因此近年采用网室栽培法，也就是搭设白色塑胶细网，以隔离
害虫，可将木瓜病毒罹患率降低至 0.3%（露天栽培的相对罹病率高达 95%），
其他的病虫害多半需要依靠农药来防治。由于木瓜栽培容易，不断开花结果，
需消耗大量养分，因此需肥量重，使用农药及肥料的概率相对较频繁。

- ▶网室栽培，如果通风不良，易有虫害与病变，影响果肉品质。
- ▶木瓜果皮会带天然白色果粉。
- ▶农药喷洒不均容易在表皮形成药斑。
- ▶果皮表层可能残留灰尘、害虫、戴奥辛。

〈 基本档案 〉

别名	番木瓜、乳瓜、文冠果、万寿瓜。
常见种类	广西青木瓜（番木瓜）、海南夏威夷水果木瓜、皱皮木瓜（药用宣木瓜）。
主要产季	栽培容易，生长期短，整年结果，8～10月间风味较佳。
栽种方式	网室栽培法为主，采用倒株栽植，即让主茎与地面倾斜45度再覆土种植，使植株矮化适于网室空间，因不耐强风暴雨容易引起根腐，需选择排水良好且温暖的种植环境。
天然状态	果皮光滑且果粉明显、果蒂完整、果型饱满、带有淡淡木瓜香。
添加剂或残留物的使用目的	使用农药为预防病虫害、抑制杂草，施洒生长调节剂及肥料为促进果实生长与营养。
容易残留的有害物质	农药、生长调节剂及化肥、环境污染导致戴奥辛残留。

〈 不正确食用的危害 〉

木瓜的果皮容易有农药残留，因此去皮后再食用是安心食用重点，若果皮未清洁干净而污染果肉，长期食用易使农药、戴奥辛等有害物质积蓄体内，造成肝脏与肾脏负担，引起急性中毒症状或是慢性肝脏、肾脏疾病，甚至可能致癌。

〈 正确选购方法 〉

1. 挑选木瓜首先辨别成熟度，要挑选颜色较深黄的，味道会比较鲜甜，一般表面青绿色的话，就是不成熟的，自然口味不是很甜。

2. 木瓜表皮有些小斑点的通常是熟透的，吃起来会很甜。

3. 要挑选表皮上有黏黏的胶质，那是糖胶，这样的木瓜通常都很甜。

4. 挑选木瓜的时候可以闻一闻味道，一般熟的木瓜，味道很清香，没有什么味道的话，证明木瓜还未熟透。

5. 买木瓜不仅要买甜的也要注意买新鲜的，一般可以从木瓜蒂下手，木瓜蒂看起来如果有些绿色且新鲜的话，木瓜通常是刚摘下来没多久，味道自然还是比较鲜美的。还可以看木瓜蒂是否有白色的乳汁溢出，新鲜的木瓜，都会有白色乳汁，那是木瓜胶。

〈 正确保存方法 〉

1. 木瓜通常都在七分熟时采收，以报纸包裹置放于室内荫凉处可存 1 ～ 3 周，不宜长时间摆在冰箱冷藏。

2. 由于木瓜会产生乙烯，贮藏时尽量与其他水果分开或以报纸包好，以免加速其他水果熟成而不耐存放。

3. 若要保存已剖开的木瓜，先以保鲜膜包裹，再放入冰箱冷藏。

〈 避免有害物质滋生的方法 〉

1. 见前文"去除添加剂的食品处理法"储放法→见前文"去除添加剂的食品处理法"冲水浸泡法。

2. 见前文"去除添加剂的食品处理法"去皮法。用无盖容器盛装或以旧报纸包裹木瓜，置放于荫凉处 1 ～ 2 周，使农药自然减退，并催熟木瓜，但需留意时间，果蒂变软即可食用。

🍍菠萝

　　菠萝属于亚热带的水果，适合在气候温暖、雨量分布均匀、日照充足的地区生长。在自然状态下，菠萝果实集中在夏季生产，但为了符合经济效益与配合出口需要，果农会进行产期调节，可能会超标使用含氮肥料与植物生长调节剂，造成果实品质劣变形成"花樟病"（果肉会硬化呈褐色，且褐色部分从果心呈放射状，如同樟树树干横断面的花纹而得名）而影响收成。

　　▶超标使用含氮肥料与植物生长调节剂会造成果粒变大，但果实品质容易劣变，引起花樟病。

　　▶果皮表层布满带有毛刺的果目，易残留农药、灰尘、昆虫（果蝇卵）、戴奥辛。

〈 基本档案 〉

别名	凤梨、黄梨。
常见种类	卡因类、皇后类、西班牙类和杂交种类。
主要产季	一年四季皆有，依照不同品种，产季也不同。
栽种方式	菠萝为长期作物,将健康植株种植于排水良好的砂质壤土,并注意除草、灌溉,果实在生长阶段会施以产期调节,进行催花,以适应市场控制产量,且果实易发生日烧晒伤,可利用菠萝周围叶片扎起遮阴或用纸袋、报纸包覆在果实上以防晒。
天然状态	果色深绿或黄橙色、果实饱满有弹性、带有淡淡菠萝香。
添加剂或残留物的使用目的	使用农药为预防病虫害、抑制杂草，施洒生长调节剂及肥料为促进果实生长与营养。
容易残留的有害物质	农药、生长调节剂及化肥、环境污染导致戴奥辛残留。

〈 不正确食用的危害 〉

菠萝的病虫害不多，但会使用含氮肥料与植物生长调节剂，食用前需彻底清洗与削去外皮，若发现果肉有黑斑或异味，不要继续食用，长期吃进农药、化肥、植物生长调节剂、戴奥辛等有害物质，会给肝脏与肾脏造成负担，甚至有致癌的危机。

〈 正确选购方法 〉

1. 看外形：好的菠萝，果实呈圆柱形或两头稍尖的卵圆形，大小均匀，果形端正，芽眼数量少。表皮呈淡黄色或亮黄色，两端略带青绿色，菠萝顶端的叶子呈青褐色；如果菠萝果皮变黄，用手轻轻按压软软的，则说明它已达到九成熟。

2. 看硬度。好的菠萝，用手按压挺实而且稍稍有点软，这样的菠萝是成熟度好的菠萝，但如果按压时感觉菠萝坚硬而且没有弹性，那这样的菠萝就是生的菠萝，此外，如果发现菠萝有汁液溢出，而且有种很刺鼻的腐烂的味道或者接近酒精的味道，那么则说明菠萝已经变质腐烂了，就不能再食用了。

3. 闻香味：好的菠萝闻起来香气浓郁，但如果香味过于浓重则说明菠萝已经是成熟透了，有些菠萝闻起来什么味道也没有，那说明这类菠萝是没有成熟时就被采摘下来，所以这样的菠萝糖分不足，吃起来也没有味道甚至是酸酸的，所以，挑选那种闻起来香气馥郁的菠萝才是最好的选择。

〈 正确保存方法 〉

1. 菠萝不耐久放，也不用经过催熟阶段，因此未削皮的凤梨存放于荫凉通风处即可，并尽早于 2 ~ 3 天食用完毕。

2. 暂不食用的菠萝，可用报纸包裹整颗果实，放入冰箱冷藏，约可保存 1 周。

3. 削皮的菠萝若不立即食用，可用塑料袋或保鲜盒包好，放入冰箱冷藏，但最好当天吃完，以免菠萝发酵而走味。

〈 避免有害物质滋生的方法 〉

见前文"去除添加剂的食品处理法"冲水浸泡法→见前文"去除添加剂的食品处理法"去皮法。菠萝表皮不平整，布满钉眼，有毛刺，削除果皮时要一并去掉，才可食用。

橙子

国产橙子盛产于 11 月到第二年 2 月，冷藏仓储可供应至 4 月，之后市场上都以进口橙子为主。虽然橙子耐保存，但容易受霉菌感染，因此在长期储藏前会先浸渍防霉剂（防腐剂）或在采收前喷洒果实，进口橙子还会使用杀虫剂来延长保存时间。此外橙子的耐病性佳，病虫害较少，但易生黑星病造成果实腐烂，需要使用脂溶性农药，过量则容易残留于果皮，因此去皮食用可以大幅减少食入有害物质。

〈 基本档案 〉

别名	黄橙、金球、甜橙、血橙、脐橙、糖橙、酸橙、新奇士。
常见种类	一般甜橙（如柳橙、晚仑夏橙）、脐橙、无酸橙、血橙（红肉柳丁）。
主要产季	盛产期从每年11月至隔年1月。
栽种方式	果树种植，适应力强，不挑土质，产量丰，为调整产期，而计划性修剪、摘心和疏花、蔬果，并定期施洒肥料和灌溉。
天然状态	果皮黄色有光泽、果实饱满有弹性、带淡淡橙香。
添加剂或残留物的使用目的	使用杀菌剂、农药为预防病虫害、抑制杂草，施洒生长调节剂及肥料为促进果树生长与营养。
容易残留的有害物质	农药、生长调节剂及化肥、杀菌剂、环境污染导致戴奥辛残留。

〈 不正确食用的危害 〉

橙子的耐病性较佳,因此病虫害较少,但仍不可忽视农药等有害物质残留,食用时先去皮可以减少摄取到有害物质,避免未清洗即直接去皮食用,容易误食果皮上的有害物质,长期食用易使得农药、戴奥辛等有害物质积蓄体内,给肝脏与肾脏造成负担,引起急性中毒症状或是慢性肝脏、肾脏疾病。

〈 正确选购方法 〉

1. 橙肚脐处小的好吃,橙子的肚脐又称为果蒂,有人按肚脐大小把它分为公的和母的,其实是不正确的,橙子的肚脐只是它的复果,太大的话,里面会有白色的经络,水分不如肚脐小得多,不太好吃。

2. 橙身越长越好吃,俗语说"高身橙,扁身柑,光身桔",橙子并不是越圆越好吃,而是身形越长越好吃。

3. 皮捏起来有弹性的好吃,皮比较薄的橙子,水分较多,捏起来比较有弹性,而表皮较硬的橙子则口感不佳,购买时捏一下橙子,如果果皮较硬,则很容易可以感受到。

4. 同等大小的橙子,较重的好吃,这种方法适合很多种水果的挑选,因为同样大小的水果,较重的一个说明含水量较高,吃起来口感较好。购买时一手一个感觉下重量。

〈 正确保存方法 〉

1. 橙子耐贮存,置放于通风荫凉处,约可存放 1 周,放入冰箱冷藏则可以维持 3 ~ 4 周的时间。

2. 橙子在湿热环境易发霉,若以塑料袋包装容易积存水汽,因此购买回来后宜尽速从袋中取出,避免湿闷加速发霉的速度。

〈 避免有害物质滋生的方法 〉

见前文"去除添加剂的食品处理法"去皮法。储放前先将霉烂的果实挑出,避免堆叠过密,以防不通风造成腐烂。橙子的保存期较长,有时配合出口或延长销售期,果农会采用冷藏与药物杀菌的保存方式,以延长橙子的保存期限,因此尽量选购当季的橙子,以减少有害物质残留。

荔枝

荔枝属于亚热带果树，高温及多湿的环境有利于荔枝树的生长与果实发育，栽植时施肥以化肥为主，有机肥料为辅，由于病虫害多，因此使用农药频繁，食用前，外壳务必彻底洗净后再剥壳食用。

▶ 果壳表面有凹凸不平的颗粒，容易残留农药、灰尘、昆虫、戴奥辛等有害物质。

▶ 果蒂连接处易有荔枝细蛾的幼虫残留。

▶ 过于青绿的荔枝尚未熟成，可能是提前采收，残留农药尚未挥散。

〈 基本档案 〉

别名	丹荔、丽枝、离枝、火山荔、勒荔、荔支。
常见种类	三月红、圆枝、黑叶、淮枝、桂味、糯米糍、元红、妃子笑。
主要产季	盛产期为每年6月中旬至7月上旬。
栽种方式	果树种植，以排水良好的土壤为佳，春夏期间，须有高温及适当水分供应，促使果实及新梢发育，并培养次年的结果枝，秋冬季则需低温干燥，以抑制新梢生长。
天然状态	果壳颜色熟红自然、果粒均匀饱满、果肉肥厚多汁呈白色半透明，带有淡淡荔枝香。
添加剂或残留物的使用目的	使用农药为预防病虫害、抑制杂草，施洒生长调节剂及肥料为促进果实生长与营养。
容易残留的有害物质	农药、生长调节剂及化肥、环境污染导致戴奥辛残留。

〈 不正确食用的危害 〉

荔枝的病虫害多，使用杀菌剂等农药是必要措施，食用时务必清洗后再食用，未清洗即剥壳食用果肉，容易造成交叉污染，长期食用易使得农药、戴奥辛等有害物质积蓄体内，给肝脏与肾脏造成负担，引起急性中毒或是慢性肝脏、肾脏疾病，甚至有致癌风险。

〈 正确选购方法 〉

1.观察荔枝的颜色，这是最直观的一步。新鲜的荔枝并不是完全鲜艳的红色，而是有些暗红色，许多表皮上还会带有些许的绿色，这是很正常的，这样的一般都是比较新鲜的。

2. 要检查荔枝外壳的龟裂片是否平坦、缝合线是否明显，如果都是，就说明该品种不错。那些外壳都干硬了的多数都是经过储藏的，不是新鲜产品。最后，还要检查荔枝的外表有没有发霉发黑的痕迹，如果有，一定要谨慎。

3. 检查荔枝的手感如何。用手触摸外壳，轻轻地按捏一下，一般而言，新鲜的荔枝的手感应该紧硬而且有弹性，稍微有些软但又不失弹性的。

4.检查荔枝的气味。凑到鼻尖闻一闻，新鲜的荔枝一般都有一种清香的味道。

5. 检查荔枝的果肉。一般买卖这类水果，都会打开样品查看或者试味，剥开外壳之后，如果果肉是晶莹剔透的，那么比较新鲜。

〈 正确保存方法 〉

1.荔枝采收后，容易因水分丧失，影响风味与品质，建议及早食用完毕。新鲜的荔枝不用冷藏，在室温下可存放 2 ~ 3 天。

2. 未食用完的荔枝，可以用报纸包裹或装入塑料袋中，放入冰箱可冷藏 3 ~ 5 天，可防止水分散失，减缓果皮褐变的速度。

〈 避免有害物质滋生的方法 〉

见前文"去除添加剂的食品处理法"冲水浸泡法→见前文"去除添加剂的食品处理法"去皮法。为便于清洗，将整串荔枝从枝部剪下果实，可保留一小段果柄，不要将荔枝果粒从果柄扯下，以免清洗时污染到果肉。

草莓

草莓适合在冷凉气候栽植，但容易遭受病虫害侵袭，因此在栽培过程中，施洒农药、肥料的机会大，若未到安全采收期即提前采收，或是采收期间仍继续施药，就容易残留农药。此外草莓属于低矮匍匐的草茎植物，加上果皮表面凹凸不平，易受污水、污物的污染，并残留较多有害物质，如灰尘、昆虫、农药等，若没有清洗干净，容易吃下农药与污垢。

〈 基本档案 〉

别名	凤梨草莓、红莓、洋莓、地莓。
常见种类	硕丰草莓、明晶草莓、牛奶草莓、红颜草莓。
主要产季	盛产于11月下旬至翌年3~4月底。
栽种方式	以匍匐茎分株或播种繁殖为主，常见温室栽培。草莓病虫害以预防为主，宜在间花前防治完成，若发生在采收期，以低毒性农药为主,并在无农药残留的安全采收期再采收。
天然状态	果实饱满完整，果蒂新鲜，颜色鲜红，带有天然草莓香。
添加剂或残留物的使用目的	使用农药为预防病虫害、抑制杂草，施洒生长调节剂及肥料为促进果实生长与营养。
容易残留的有害物质	农药、生长调节剂及肥料、环境污染导致戴奥辛残留。

〈 不正确食用的危害 〉

草莓的果皮表面凹凸不平，若清洗不彻底，容易将有害残留物吃进肚里，长期食用易使得农药、戴奥辛积蓄体内，给肝脏与肾脏造成负担，引起急性中毒症状或是慢性肝脏、肾脏疾病，甚至有致癌风险。

〈 正确选购方法 〉

1. 看草莓的外形：激素草莓体积比较大而且多形状比较奇怪，会出现比较扭曲的情况。普通草莓则个头比较小，呈比较规则的圆锥形。有些激素草莓因为品种的关系，会形状呈圆锥形，但是个头偏大。因此大家在选购的时候对于个头大的草莓、形状过于奇怪的草莓要尤其谨慎。

2. 看草莓的颜色：激素草莓颜色不均匀、光泽度差，在草莓的头部即草莓叶蒂部分的颜色青红分明。草莓的局部红颜色过于深重，而其他部分较为浅。而好的草莓应该是颜色均匀，色泽红亮。

3. 看草莓的表面：如果表面颗粒过于红的草莓要特别警惕。正常的草莓表面的芝麻粒应该是金黄色。

4. 看草莓的内部：切开草莓，一定要沿着草莓蒂为中心点的方向，如果草莓内有出现空腔或者是有洞，建议不要购买。

5. 闻草莓的气味：好的草莓比较清香，有草莓特有的清香，而激素草莓的味道就比较奇怪或者草莓的味道特别重。

〈 正确保存方法 〉

1. 成熟的草莓不耐储放，酌量购买当日可食用完毕的分量为宜。

2. 草莓如果不立即食用，不必清洗，直接将草莓均匀摊放在容器中，避免堆叠造成挤压，否则易加速腐坏，放入冰箱冷藏可维持 5 ~ 6 天。

3. 腐烂的草莓果粒会加速其他果粒变质，宜先将烂果去除再存放。

草莓若不是立即食用，八分熟的果实较适合存放，其特征为大部分呈红熟，果肩部分（即果实尖端）尚为白色。

〈 避免有害物质滋生的方法 〉

见前文"去除添加剂的食品处理法"冲水浸泡法或见前文"去除添加剂的食品处理法"酸碱中和法。清洗时，不用先把果蒂、果梗去除，否则清水渗入后，会污染果肉。

莲雾

莲雾属热带常绿果树，性喜温暖怕寒冷，如果遇到10℃以下的低温，容易造成寒害、裂果及落果，而防治病虫害也是莲雾栽培的重要工作。果农在幼果期为防止裂果、病虫害、鸟害与寒害，使用耐水性纸袋套在果实上，可减少有害物质的残留，若不套袋处理，就需要施洒农药及杀虫菌以防害。

〈 基本档案 〉

别名	洋蒲桃、紫蒲桃、水蒲桃、水石榴、辇雾、琏雾。
常见种类	黑珍珠、黑钻石、黑金刚非品种名，而是根据莲雾的果形、色泽所命名，栽培品种如下： 1.大（深）红色种：俗称本地种莲雾，果型小、甜度低。 2.淡红色种：俗称斗笠型莲雾，较无经济栽培价值。 3.粉红色种：俗称南洋种莲雾，果型大、甜度高。 4.白色种：俗称新市仔莲雾，有特殊香气。 5.绿色种：俗称二十世纪莲雾，又称凸肚脐莲雾，果型大、甜度高，栽培不易。
主要产季	四季皆产，夏季盛产约5~7月，冬季盛产约11~3月。
栽种方式	果树种植，适合在湿润肥沃土壤生长，需水量大且耐湿，可利用剪枝、遮光网抑制营养生长、催花剂促使结果等技术，达到产期调节的目的。
添加剂或残留物的使用目的	使用农药为预防病虫害、抑制杂草，施洒生长调节剂及肥料为促进果实生长与营养。
容易残留的有害物质	农药、生长调节剂及化肥、环境污染导致戴奥辛残留。

〈 不正确食用的危害 〉

莲雾有套袋保护，但是仍无法完全避免农药、化肥、戴奥辛等有害物质残留，由于莲雾连皮一起食用，未清洗干净而长期食用，易使农药、生长调节剂、戴奥辛等有害物质蓄积体内，增加肝脏与肾脏的代谢负担，引发中毒或病变。

〈 正确选购方法 〉

1. 看体积：一般比鸡蛋大点的，这样为好，如果太小，质感较差。

2. 看光泽：一般冬季时，颜色会比较暗，暗紫色，夏季会比较淡，接近紫色。成熟的莲雾则是紫色的。

3. 清洗：一般用水果梳洗剂进行清洁，要注意莲雾的底部，最好是切开，削皮吃口感较好。

〈 正确保存方法 〉

1. 莲雾果皮薄，不耐贮藏，应避免碰伤而缩短存放时间，且在室温环境下容易因水分蒸发导致果皮皱缩而影响风味。因此存放莲雾时，先放入塑料袋并在外面包覆报纸，再置于冰箱冷藏，可避免水汽导致腐烂，夏季约可存放 2 ~ 3 天，冬季约 5 ~ 6 天。

2. 果实有撞伤或虫害的莲雾容易加速腐烂速度，不宜存放，应尽快食用。莲雾还没食用前请勿清洗，避免水汽浸入果皮的裂纹或伤口而加速果实腐烂。

〈 避免有害物质滋生的方法 〉

见前文"去除添加剂的食品处理法"冲水浸泡法或见前文"去除添加剂的食品处理法"酸碱中和法。

〈 营养价值 〉

1. 莲雾中富含丰富的维生素 C、维生素 D_2、维生素 D_6、钙、镁、硼、锰、铁、铜、锌、钼等微量元素，莲雾水分含量大对皮肤好处。

2. 莲雾是微碱性水果，可调节人胃肠的酸碱度。

3. 莲雾带有特殊的香味，是天然的解热剂。由于含有许多水分，在食疗上有解热、利尿、宁心安神的作用。

4. 小孩有消化不良时，用莲雾伴食盐食用，有帮助消化的功效。

释迦

释迦适合栽种于热带地区，目前全世界以台湾地区栽植最多。释迦易受病虫害，农民通常会将多种杀菌剂与杀虫剂混合使用，从而导致药剂过重，残留在果皮上形成药斑。释迦于采收前一个月，果园管理良好的果农会将每个释迦做套袋处理，目的是为防止果蝇叮咬与产卵，避免病虫害，在采收时还可减少农药等有害物质残留。

〈 基本档案 〉

别名	佛头果、释迦、亚大果子。
常见种类	1.传统释迦：栽培品系包括细鳞种、粗鳞种、软枝种、台东一号、大目种、紫色种等。 2.凤梨释迦。
主要产季	传统释迦：夏季果从7月～11月，冬季果为12月～2月。 凤梨释迦：盛产于12月～隔年4月。
栽种方式	果树种植，适合排水良好、肥沃砂质或砾质壤土，避免栽植于秋冬下霜处及风大处，通过整枝修剪、产期调节技术、人工授粉结果，可提高产量。
天然状态	果色淡绿、果肉乳曰、果型完整、果实饱满、带淡淡释迦香，传统释迦的果肉软熟，凤梨释迦的果肉较硬有弹性。
添加剂或残留物的使用目的	使用农药为预防病虫害、抑制杂草，施洒生长调节剂及肥料为促进果实生长与营养。
容易残留的有害物质	农药、生长调节剂及化肥、环境污染导致戴奥辛残留。

〈 不正确食用的危害 〉

释迦果皮粗糙且不平，易残留有害物质，食用前进行清洗为佳，若直接食用，容易因果皮与果肉交叉污染而吃进有害物质，长期食入农药、化肥、戴奥辛等有害物质，会蓄积体内，对肝、肾造成负担，甚至有致癌风险。

〈 正确选购方法 〉

1. 选购释迦，宜挑选果粒大有重量，果型圆整且饱满，鳞目大且无伤痕，外观无严重病虫害且覆有果粉者为佳。若在鳞目缝隙发现有微小白色的介壳虫，表示用药少，趁其软熟前以毛刷清除，仍可食用。

2. 购买有合格标志：如 QS 标志、绿色食品标志、有机产品标志、无公害农产品标志等认证的蔬果，较有保障。

〈 正确保存方法 〉

1. 释迦是自然熟成的水果，采收后要经过后熟，置放于通风荫凉处约 2 ~ 5 天，待熟软即可食用。未熟透的释迦，可覆盖浸湿的布或报纸，加速催熟。

2. 每粒释迦的成熟度与自然呼吸程度不同，应统一置放于通风荫凉处，避免闷放在箱子或容器中，否则造成一起熟软而食用不及。

3. 熟软后的释迦若暂时不食用，可置入冰箱冷藏，使其停止熟软而延长保存期限约 3 ~ 5 天，但冰箱湿气高且温度较低，容易使释迦表皮变硬与转黑，可用纸袋、报纸或保鲜膜小心包裹覆盖，避免将释迦直接暴露在空气中以减少果皮变黑的反应。尚未软熟的释迦，不可放入冰箱冷藏，否则易导致释迦停止后熟，而变成不能食用的哑果。

〈 避免有害物质滋生的方法 〉

储放法→冲水浸泡法

1. 见前文"去除添加剂的食品处理法"储放法。用无盖容器盛装或以旧报纸包裹释迦，置放于荫凉处 2 ~ 5 大，使农药自然减退。

2. 见前文"去除添加剂的食品处理法"冲水浸泡法。释迦鳞沟已经呈奶黄色且裂开时，若冲水清洗容易使有害物质浸到果肉，熟透已裂开的释迦不宜清洗，但要留心剥食，避免嘴巴触碰到果皮外表，而吃下有害物质。

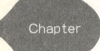

第四节
肉蛋正确选购与处理方法

畜牧产品所受的有害物质污染，大部分来自于注射、直接涂抹或添加在饲料中的激素或生长性药物（如瘦肉精）、抗菌性物质（如杀菌剂、抗生素）及预防疾病的药物，如果喂食的农作物中残留有机氯农药，会经年累月积蓄在动物身体中。有时为了使动物生长良好、提升肉质，会在饲料中添加含脂成分，若环境受到污染，脂类食品易含有多氧联苯、戴奥辛和有机氯农药等有害物质，经由喂食家畜、家禽，而残留在动物体内，人体长期摄取含有此类物质的肉类，可能有害健康。

〈 如何选购肉蛋类 〉

选购肉类与蛋类的基本原则以新鲜且具有合格认证为首要条件。新鲜的肉类外观有光泽，形状完整、有弹性，表面湿润而不黏手，家畜类的脂肪呈现白色，家禽类脂肪则呈黄色；蛋类以外壳清洁，壳面粗糙、无光泽，外壳无破损及不良气味者为佳。为避免有害物质残留，应留意的选购原则如下：

避开容易残留有害物质的部位：从外观很难辨别肉品是否有农药、抗生素、激素等残留，尽量避免购买可能注射药物的部位与易囤积有害物质的内脏、脂肪，如家禽类为脖子、翅膀、腿部、内脏等；家畜类为颈部、内脏、脂肪较多的肥肉等。

避免选购变质的肉类：肉类的组织颜色变深、脂肪呈现黄色、表面有黏液、失去弹性且按压不会恢复原状、产生异味等，代表肉品已经变质、不新鲜或是动物带有疾病。

选购有信誉的商家与合格标志的肉类：选择有产品检疫合格印章和肉品品质检验合格印章、QS 标志的肉蛋类可减少有害物质残留。

〈 如何处理或保存肉蛋类 〉

由于脂肪通常会囤积有机氯农药、戴奥辛等有害物质，家畜类在烹调前尽量去除肌肉组织上的脂肪或去除肥肉；家禽类可以去掉外皮和脂肪部位。蛋类烹调前，应先用清水冲洗蛋壳上的脏污。此外，由于肉类容易含有寄生虫（如绦虫、旋毛虫）与细菌（如沙门氏杆菌），可采用余烫法，将肉类放入沸水中短时间烫一下，除了可以表面杀菌，更能降低肉类所残留的抗生素、激素、多余脂肪。尽量避免生食肉蛋类，并且不宜在室温置放过久，若暂时不烹调，可于冰箱中冷藏或冷冻贮存。

➕ tips
小贴士 1　　贮存肉类的注意事项

肉类贮存时，可先用清水将表面脏污、血水、油脂清洗干净，沥干水分后，用有盖容器或塑料袋妥善包装后再放入冰箱中冷藏或冷冻；较大分量的肉块可事先分割好，视每次食用所需分量加以分装，避免肉类因反复解冻又冷藏或冷冻，容易孳生细菌造成肉类变质。

➕ tips
小贴士 2　　慎防禽流感，勿食用未烹煮的家禽肉类

禽流感是由家禽流行性感冒病毒（H5N1 流感病毒）引起的感染，目前 H5N1 型禽流感病毒因基因突变造成可禽传人，人类若染上禽流感，会出现发烧、头痛、咳嗽、腹泻、全身倦怠、呼吸困难等流感症状，严重者可能恶化或死亡。因为禽流感病毒对高温很敏感，研究显示在 56℃以上高温烹煮时就容易死亡，所以应避免食用未经烹煮的禽类及其制品（如蛋类及鸭血等相关产品）。

🥬 猪肉

猪肉为国人的主要肉品来源，与其他肉类相较，脂肪含量偏高，且猪肉容易有寄生虫，煮至全熟再食用较安全。养殖者为增加猪的生长率

与疾病抵抗力，可能滥用生长激素、瘦肉精、抗生素、杀菌剂等物质，加上饲料或喂食的农作物若受到农药或戴奥辛的污染，这些有害物质都可能囤积在猪肉、脂肪与内脏内，特别是主管代谢功能的肝脏可能残留较多的毒素。

▶ 农药、戴奥辛等脂溶性物质易残留于脂肪。

▶ 抗生素、杀菌剂、生长激素、瘦肉精易残留在猪肉或内脏中。

〈 基本档案 〉

别名	豚肉、豕肉。
常见种类	外来种以蓝瑞斯、杜洛克、约克夏（俗称大白猪）、汉布夏品种为主。
主要产季	全年。
生产方式	人工养殖。
天然状态	肉色为带光泽的粉红色、脂肪呈白色或乳白色，肉质紧实有弹性、没有腥臭味。
添加剂或残留物的使用目的	注射或在饲料中掺有抗生素、抗寄生虫药以预防疾病；使用生长激素、瘦肉精以增加肉质口感与帮助生长。
容易残留的有害物质	抗菌性物质（杀菌剂、抗生素）、生长激素、瘦肉精、农药、戴奥辛。

〈 不正确食用的危害 〉

1. 长期食用残留有抗生素、杀菌剂等物质的猪肉，可能会引发过敏、肝功能退化，严重时甚至会使人体内的病原菌产生抗药性，影响免疫系统，甚至致癌。

2. 残留农药、戴奥辛会吃下过多累积在体内，给肝、肾造成负担，严重者可能发展成慢性肝病或有致癌风险。

3. 猪肉残留激素，长期食用会造成内分泌失调，对青少年和孕妇影响尤其大，而食用过量的瘦肉精，可能会产生心悸、头晕、神经系统受损等症状。

〈 正确选购方法 〉

1. 新鲜和健康的猪肉，瘦肉部分颜色呈鲜红色，颜色为红色或者粉红，如果是暗红色的属于比较次；肥肉部分是白色或者乳白色，且质地比较硬。

2. 拿猪肉在鼻子附近闻闻，气味要是比较新鲜的猪肉的味道，而且略带点腥味。一旦有其他异味或者臭味，就不要买，容易是比较不好的肉。

3. 用手指压下猪肉，猪肉要有弹性，如果用力按压，猪肉能迅速地恢复原状，如果瘫软下去则肉质就比较不好；再用手摸下猪肉表面，表面有点干或略显湿润而且不黏手。如果黏手则不是新鲜的猪肉。

4. 煮肉的汤应透明清澈，油脂团聚于汤的表面，具有香味。如果不是则买的猪肉不是新鲜的猪肉。

5. 街市或者农贸市场：要看摊位各类营业证件。从这个渠道购买猪肉建议先看这个摊档是否有营业执照，卫生许可证以及猪肉定点屠宰和具有检疫证明等，如果摊位里有出示这些证件，这样的摊位比较安全。同时选购尽量在摊位环境卫生清洁、经营业户是否衣帽整洁的摊位。

6. 超市：猪肉来源比较正规。从这个渠道购买猪肉比较安全，但是价格比较高些。建议消费者多了解不同类型猪肉的价格，目前有放心猪肉、无公害猪肉以及有机猪肉三种，所以不同的猪肉的价格就各不相同。

〈 正确保存方法 〉

猪肉置于室温保存，容易孳生细菌或变质，尚未食用的猪肉在清洗后，用有盖容器或塑料袋妥善包装再放入冰箱中贮存，冷藏可保存 2 ~ 4 天，冷冻可长达 1 个月，但为保持新鲜度，尽早食用为佳。

Tips：猪肉应避免反复解冻，应视每次所需分量加以分装贮存，以免造成猪肉变质或受细菌污染。

Tips：去除脂肪含量较多的肥肉，可减少摄入有害物质。

〈 避免有害物质滋生的方法 〉

见前文"去除添加剂的食品处理法"余烫法。

🥬 牛肉

牛在饲养过程中为了预防生病及促进生长，养殖者在饲料中添加抗生素、杀菌药物、生长激素、瘦肉精等药剂；或是过量施打抗生素、生长激素。此外，若饲料或牧草遭受环境污染，农药、戴奥辛等毒素容易残留在牛体内，而这些有害物质易囤积在脂肪含量高的部位及内脏。由于牛为草食动物，所含寄生虫较少，加上人的胃酸可杀死牛肉中的旋毛虫，因此未全熟的牛肉仍可食用，但为降低人体积蓄此类有害健康的物质，建议少生食为佳。

〈 基本档案 〉

常见种类	牛肉来自牛之身体的不同部位而另有称呼，例如西冷、T 骨、牛排、牛柳、肉眼等。
主要产季	全年。
生产方式	人工养殖。
天然状态	肉色为带有光泽的鲜红色，肉质纤维分明，脂肪呈白色或乳白色，没有腥臭味。
添加剂或残留物的使用目的	注射或在饲料中掺有抗生素、抗寄生虫药以预防疾病，使用生长激素、瘦肉精以增加肉质口感与帮助生长。
容易残留的有害物质	抗菌性物质（杀菌剂、抗生素）、生长激素、瘦肉精、农药、戴奥辛残留。

〈 不正确食用的危害 〉

长期食入残留有抗生素、杀菌剂等物质的牛肉或牛内脏，容易引起过敏，使体内的病原菌产生抗药性，给肝脏与肾脏增加负担而引起病变。

1. 残留农药、戴奥辛吃下过多会累积在体内，给肝、肾造成负担，严重者可能发展成慢性肝病或有致癌风险。

2. 牛肉残留激素，长期食用造成内分泌失调，尤其对青少年和孕妇影响大，而食用过量的瘦肉精，可能会产生心悸、头晕、神经系统受损等症状。

〈 正确选购方法 〉

1. 观察颜色。正常新鲜的牛肉肌肉呈暗红色，均匀、有光泽、外表微干，尤其在冬季其表面容易形成一层薄薄的风干膜，脂肪呈白色或奶油色。而不新鲜的牛肉的肌肉颜色发暗，无光泽，脂肪呈现黄绿色；

2. 摸手感。新鲜的牛肉富有弹性，指压后凹陷可立即恢复，新切面肌纤维细密。不新鲜的牛肉指压后凹陷不能恢复，留有明显压痕；

3. 闻气味。新鲜肉具有鲜肉味儿。不新鲜的牛肉有异味甚至臭味。

〈 正确保存方法 〉

牛肉是生鲜食品，虽然低温可以延长保存期限，但应尽早食用，避免反复解冻而影响牛肉品质，买回的牛肉可依照所需分量切割，再个别用有盖容器或塑料袋妥善包装，置放于冰箱冷藏可维持 3 ～ 4 天，冷冻可保存 1 个月。

〈 避免有害物质滋生的方法 〉

见前文"去除添加剂的食品处理法"氽烫法。可先去除脂肪含量较多的肥肉，以减少摄入有害物质。氽烫时间不宜过久，以免肉质老化。

〈 如何识别新鲜牛肉 〉

新鲜牛肉质地坚实有弹性，肉色呈鲜红色，肌纤维较细。嫩牛肉脂肪呈白色，反之肉色深红，触摸肉皮粗糙者多为老牛肉，不要购买。

〈 如何识别注水牛肉 〉

牛肉注水后，肉纤维更显粗糙，暴露纤维明显；因为注水，使牛肉有鲜嫩感，但仔细观察肉面，常有水分渗出；用手摸肉，不黏手，湿感重；用干纸巾在牛肉表面，纸很快即被湿透。而正常牛肉手摸不黏手，纸贴不透湿。

🥬鸡肉

鸡肉为国人常食用的家禽类，在饲养过程中，若喂食鸡的饲料、菜叶受农药及戴奥辛污染，这些有害物质便容易囤积在鸡体内。由于鸡肉的脂肪含量较低，脂肪大多分布于鸡皮或皮下脂肪，所以此两处也较易残留脂溶性的农药与戴奥辛。此外，养殖业为预防鸡生病、增加抵抗力和帮助生长，常于鸡舍喷洒药剂或在鸡的脖子、翅膀、腿部等部位注射药剂，若未到停药期即上市出售，抗生素易残留在鸡肉及鸡内脏中，吃下后对健康造成危害。

▶农药、戴奥辛等脂溶性物质易残留于皮下脂肪。

▶鸡的脖子、翅膀、腿部常是注射药物的部位，容易残留抗生素、抗寄生虫药等有害物质。

▶抗生素也易残留在鸡内脏中。

〈 基本档案 〉

常见种类	白肉鸡、有色肉鸡。
主要产季	全年。
生产方式	人工养殖，白肉鸡一般饲养不到 6 周即可上市，有色肉鸡（土鸡）的饲养天数平均要 10 周以上。
天然状态	肉色淡粉红色、肉质光泽有弹性、外观无损伤、没有腥臭味。
添加剂或残留物的使用目的	注射或在饲料中掺有抗生素、抗寄生虫药以预防疾病。
容易残留的有害物质	抗菌性物质（杀菌剂、抗生素）、农药、戴奥辛残留。

〈 不正确食用的危害 〉

1. 长期食用残留有抗生素、抗寄生虫药等物质的鸡肉或鸡内脏，容易引起过敏，使人体内的病原菌产生抗药性，造成肝、肾脏负担而引起病变。

2. 残留农药、戴奥辛吃下过多会累积在体内，给肝、肾造成负担，严重者可能发展成慢性肝病或有致癌风险。饲养鸡滥用抗生素，容易使鸡感染沙门氏杆菌，不小心食用受感染的鸡肉会引起呕吐、腹泻等症状，因此避免生食或食用未煮熟的鸡肉。

〈 正确选购方法 〉

1. 选购鸡肉以新鲜为主要原则，宜选鸡皮紧绷、平滑，肉质柔软有弹性，肉色呈现淡粉红色有光泽，没有不良气味，没有骨折、异物等现象的鸡。

2. 选购有"产品检疫合格"标志、QS 标志的产品较有保障。

3. 在传统市场选购鸡肉，最好向有固定摊位的肉商购买，流动摊贩可能价格较便宜但品质较无保障。

〈 正确保存方法 〉

鸡肉易变质，买回的鸡肉如果不马上食用，将血水清洗干净后，建议视每次所需烹调分量，以塑料袋或保鲜袋分装再置于冰箱冷藏或冷冻，可防止鸡肉在冰箱中散失水分，冷藏可保存 1 ~ 2 天，冷冻可保存 1 个月左右。为避免肉质风味改变，应尽早食用。

〈 如何避免有害物质 〉

去皮法→汆烫法

1. 去皮法。先以小刀刮除或剪刀去除脂肪含量较多的鸡皮及皮下脂肪，可减少摄入有害物质。鸡内脏易残留有害物质，建议减量或不食用。

2. 见前文"去除添加剂的食品处理法"汆烫法。将鸡肉放在清水下洗净，再以汆烫法去除剩余的有害物质。汆烫使用的沸水请勿再做料理使用，以免造成二次污染。

鸡蛋

白壳蛋鸡主要品种有北京白鸡、海兰白鸡，褐壳蛋鸡主要品种有依莎褐蛋鸡、海兰褐蛋鸡、黄金褐壳蛋鸡、罗曼褐壳蛋鸡，粉壳蛋鸡主要品种有亚康蛋鸡、海兰粉壳鸡、京白939粉壳蛋鸡。母鸡的健康与否会影响鸡蛋的品质，必须依规范使用磺胺剂、抗生素、杀虫剂等药剂，但不良业者为了预防母鸡生病，而长期施药，若用药过量或未到停药期即上市的鸡蛋产品，可能有药物残留。此外鸡蛋容易受沙门氏杆菌感染，蛋壳外的粪便污染也容易造成细菌、微生物与寄生虫滋生，因此蛋壳外的清洁需特别留意。

▶因蛋鸡使用药剂，使得所生产的鸡蛋可能残留磺胺剂、抗生素、杀虫剂等有害物质。
▶蛋壳外易有粪便污染、沙门氏杆菌、细菌、寄生虫。

〈 基本档案 〉

常见种类	土鸡蛋、山鸡蛋、草鸡蛋、柴鸡蛋、洋鸡蛋。
主要产季	全年。
生产方式	人工养殖蛋鸡所生产。
天然状态	外壳粗糙、蛋壳完整无破损及脏污、蛋型完整呈椭圆形，带一点腥味。
添加剂或残留物的使用目的	替蛋鸡注射或在饲料添加抗寄生虫药、抗生素等，以预防疾病。
容易残留的有害物质	抗菌性物质（杀菌剂、抗生素）、沙门氏杆菌、细菌、寄生虫。

〈 不正确食用的危害 〉

1. 长期食用残留有抗生素、抗寄生虫药等物质的鸡蛋，容易引发过敏、使人体内的病原菌产生抗药性，造成肝、肾脏负担而引起病变。

2. 避免生食鸡蛋，否则容易因沙门氏杆菌、细菌、寄生虫污染，而引起呕吐、腹泻等胃肠疾病。

Tips：蛋壳外常有细菌、寄生虫、沙门氏杆菌，食用时先将蛋壳清洗干净，以降低打开蛋壳时污染蛋液的概率。

〈 正确选购方法 〉

1. 用眼睛观察蛋的外观形状、色泽、清洁程度。良质鲜蛋，蛋壳清洁、完整、无光泽，壳上有一层白霜，色泽鲜明。次质鲜蛋，蛋壳有裂纹、硌窝现象；蛋壳破损、蛋清外溢或壳外有轻度霉斑等。

2. 用手摸索蛋的表面是否粗糙，掂量蛋的轻重，把蛋放在手掌心上翻转等。良质鲜蛋蛋壳粗糙，重量适当。次质鲜蛋，蛋壳有裂纹、硌窝或破损，手摸有光滑感。

3. 把蛋拿在手上，轻轻抖动使蛋与蛋相互碰击，细听其声；或是手握摇动，听其声音。良质鲜蛋蛋与蛋相互碰击声音清脆，手握蛋摇动无声。

4. 用嘴向蛋壳上轻轻哈一口热气，然后用鼻子嗅其气味。良质鲜蛋有轻微的生石灰味。次质鲜蛋有轻微的生石灰味或轻度霉味。

〈 正确保存方法 〉

新鲜鸡蛋在室温下存放荫凉处可保存 2 ～ 3 天，放入冰箱冷藏可延长保存期限。若为盒装洗选鸡蛋，因包装前已经过初步清洁，可直接将鸡蛋的大头一端朝上放在冰箱的蛋架上，因为鸡蛋的气室在大头，气室朝上可以增加蛋的保鲜度。如果是普通散装鸡蛋，先用干净的布或纸巾擦拭蛋壳表面脏污后，再存放。鸡蛋可冷藏 7 ～ 14 天，尽早食用以免新鲜度下降。

Tips：用清水清洗过的鸡蛋不利于保存，因为蛋壳有微细的孔洞，细菌会通过水分渗入鸡蛋中而加速鸡蛋的变质。

〈 避免有害物质滋生的方法 〉

1. 鸡蛋在食用前先用流动清水冲掉蛋壳表面的灰尘与脏污，并继续搓洗蛋壳 3 ～ 5 分钟，以去除蛋壳表面的有害物质，再以干布或纸巾擦拭蛋壳表面水分，即可烹调。

2. 沙门氏杆菌对热的抵抗力很强，在70℃时，需经5分钟才能杀死，60℃时，需经 15 ～ 20 分钟才能杀死，因此最好不要生吃鸡蛋或吃半生不熟的蛋，以免感染沙门氏杆菌。

第五节
海鲜正确选购与处理方法

海鲜一般分为自然野生及人工养殖两大类。自然野生的海鲜易受到环境污染的影响，比如重金属、戴奥辛与多氯联苯等污染物可能残留在海鲜体内，其中大型鱼类因位于海洋食物链中顶端，所蓄积的污染残留物最为严重。人工养殖的海鲜最令人担心的是养殖户不当用药的问题，导致海鲜残留抗生素或激素。另外，商家为延长海鲜的新鲜度而使用保鲜剂，或为了让海鲜的卖相较佳而使用保色剂或漂白剂，以上这些有害物质皆容易存于海鲜的表皮、头部以及内脏，且以内脏的浓度最高，最好减少摄食这些部位，以免有害健康。

〈 如何选购海鲜 〉

海鲜属蛋白质含量高的食物，相当容易变质，因此选购海鲜以新鲜为首要原则。通常现捞或是捕捞后立即急速冷冻的海鲜最为新鲜，为避免吃到不新鲜、有污染或是药物残留的海鲜，选购时应留意以下原则：

1.眼观、手摸、鼻闻皆正常才选购:买海鲜先留意外观,颜色自然、无过度鲜艳或不自然色泽，且形体完整，无断头、伤口者为佳。

2.接着以手按压海鲜，肉体应结实有弹性。

3.再闻闻看味道，应无腥臭味、酸味或化学味。

符合以上条件，才能减少买到不新鲜及添加化学药剂的海鲜。

选购保存良好的冷冻海鲜：采用急速冷冻、真空包装的海鲜，保鲜度佳,但要留意购买地点的冷冻设备是否符合−18℃的低温条件，包装宜完整无破损，外观无解冻或结霜发白的现象。

选择有合格认证及检验的海鲜：因海域污染严重及养殖户的不当用药，因此购买有生产履历认证的海鲜，或向标榜有检验且能出具证明的出售单位采购，才能降低食入过多的污染物。

向有信誉的商家购买：选购海鲜时最好跟有信誉的商家选购，品质较有保障，若遇到问题时，还可退换或询问处理。

〈 如何处理或保存海鲜 〉

海鲜类种类繁多，包括鱼类、虾类、贝类、蟹类、头足类等，无论哪一种类的海鲜最重要的就是保鲜，避免变质，因此买回的海鲜以冷冻保存为佳。生鲜鱼类买回后要先去除鳃、内脏及鱼鳞，再以清水洗净，依需要分切后，再以保鲜袋或保鲜膜包装放入冷冻库，以减少污染物的摄取及变质的概率。虾贝蟹类或是章鱼、鱿鱼等头足类都是新鲜食用最佳，买回后最好立即烹调，若需要延长保存期，可用沸水汆烫溶出有害物质，再用保鲜袋包装放入冰箱冷冻库中，不但可保持鲜度，也比生鲜状态易于保存。所有海鲜食材经拆封解冻后必须马上烹调食用，解冻后又再二次冷冻，容易流失风味和鲜度。

〈 海鲜安心吃的原则 〉

为了避免累积毒素的风险，在食用海鲜时，应多选择不同种类、不同产地的水产；且尽量不吃有害物质含量较高的大型鱼类及鱼皮、虾头、卵黄、内脏等部位，此外，若不能确定海鲜的生长水域是否遭受污染，或捕捞后是否还添加其他物质，最好煮熟后再食用，避免生食而吃下更多的有害残留物。

野生鱼类

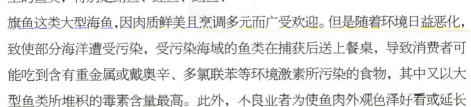

因人工养殖鱼类易带有土味且鲜甜度较自然野生鱼类差，不少消费者喜好食用自然野生的鱼类，特别是鲔鱼、鲑鱼、鳕鱼、旗鱼这类大型海鱼，因肉质鲜美且烹调多元而广受欢迎。但是随着环境日益恶化，致使部分海洋遭受污染，受污染海域的鱼类在捕获后送上餐桌，导致消费者可能吃到含有重金属或戴奥辛、多氯联苯等环境激素所污染的食物，其中又以大型鱼类所堆积的毒素含量最高。此外，不良业者为使鱼肉外观色泽好看或延长保存期，违法使用一氧化碳或甲醛，因而危害身体健康。

▶ 重金属或环境激素等毒素，容易堆积在鱼头、鱼皮与内脏等油脂度含量较高的部位。
▶ 作为防腐剂及消毒剂的甲醛会残留于鱼肉表面。
▶ 经一氧化碳处理的红肉鱼，具有保色效果，可掩盖鱼肉已不新鲜的事实。

〈 基本档案 〉

常见种类	鲔鱼、鲑鱼、鳕鱼、旗鱼、鲭鱼。
主要产季	鲔鱼一年四季皆有，5~6月为黑鲔鱼产季；鲑鱼、鲭鱼以秋冬两季为主；鳕鱼盛产在4~7月、12月至翌年2月；旗鱼依品种不同全年都有，11月为白肉旗鱼产季；鲨鱼盛产在1~3月。
生产方式	以自然野生捕捞为主，但因养殖技术进步，已出现人工养殖的鲑鱼。
天然状态	鱼眼清澈、鱼鳞平整有光泽、肉质有弹性、肉色鲜明、无腥臭味。
添加剂或残留物的使用目的	出售时加入甲醛延长保存期限，使用一氧化碳以维持肉色新鲜度。
容易残留的有害物质	环境激素（重金属、戴奥辛、多氯联苯）、甲醛、一氧化碳。

〈 不正确食用的危害 〉

1. 长期吃到含有戴奥辛的食物，毒素会蓄积在体内，可能造成畸胎、孕妇早产或有致癌风险。

2. 吃下含有多氯联苯的食物，长期累积在体内会形成慢性中毒，严重者会有致癌、伤害生殖与神经系统、干扰内分泌系统等危害。

3. 长期食用含有重金属的食物，会损害身体机能导致各种病变，例如铅会影响新陈代谢、造成中枢神经异常及造血功能受损等病症；镉是致癌物质；汞则会造成畸胎或是流产，使手足麻痹、记忆力减退、听力及言语能力受损；砷会造成乌脚病、神经病变与肾脏疾病等。

4. 吃了含甲醛的食物，可能使女性月经紊乱，并使神经系统、免疫系统、肝脏受损，还有致癌风险。

〈 正确选购方法 〉

1. 选择有信誉的商家或经检验合格的野生鱼类，例如选购具有重金属、戴奥辛与多氯联苯检验报告的鱼类。

> **＋tips**
> **小贴士 1** 一氧化碳的危害在于欺瞒
> 消费者吃下不新鲜的鱼
>
> 　　一氧化碳会与鱼肉中的血红素结合，可保持肉色红润，看似新鲜诱人，有些不良业者为延长出售期，于是以一氧化碳处理鲔鱼、鲑鱼等红肉生鱼片，使消费者误判其新鲜度。虽然少量食用经一氧化碳处理的鱼不会直接影响人体健康，但吃下不新鲜甚至已变质的鱼肉，容易造成食物中毒。

2. 选择有专业冷藏设备的地方购买，避免生鲜鱼肉受温度变化影响而导致变质。

3. 购买包装鱼类或鱼片，包装需完整、确实密封、标示清楚，且有 QS 认证，冷藏肉品宜选择肉身有弹性和肉色正常，冷冻肉品应坚硬、无结霜发白现象。

4. 选购现捞鱼，鱼眼应透明，鱼肉按压有弹性，无腥臭味，肉色自然不过于鲜丽或白皙。

〈 正确保存方法 〉

1. 生鲜鱼类洗净处理好后，擦干多余水分，以密封袋或保鲜膜密封保存于冷冻库中，约可保存 1 个月，但要注意风味是否会流失。

2. 冷冻鱼类未马上食用，不宜拆封、解冻，买回后立即放入冷冻库保存。

〈 避免有害物质滋生的方法 〉

1. 见前文"去除添加剂的食品处理法"氽烫法。

2. 因甲醛溶于水，因此烹煮前应浸泡 15 分钟，再以清水冲洗 2 ~ 3 遍，然后煮熟食用。虽然浸泡后的鱼肉风味会略微流失，但较可安心食用。

3. 环境激素及重金属残留物不易被高温破坏，但容易堆积于脂肪含量较高的部位，建议避免食用鱼头、鱼皮与内脏，或是少食用大型鱼类。

养殖鱼类

若养殖环境受到污染，容易在鱼体残留农药、重金属或戴奥辛；养殖户也可能在饲养期间投药以防治病害或促进生长，致使抗生素或激素药剂残留。另外，部分养殖户抽取地下水作为养殖之用，可能使地下水污染物砷残留鱼体。

▶ 部分脂溶性农药会残留在鱼鳞片下的油脂处。

▶ 鱼头、鱼内脏容易残留重金属、戴奥辛、抗生素、激素等有害物质。

▶ 重金属、戴奥辛容易囤积在脂肪处，鱼腹含脂量较高，易残留有害物质。

〈 基本档案 〉

常见种类	草鱼、鲢鱼、虹鳟、鲈鱼、鲳鱼、石斑鱼、鳗鱼。
主要产季	依鱼种不同，一年四季皆有。
生产方式	以海水或淡水养殖。
天然状态	鱼眼透明澄清、鱼身结实有弹性、鱼鳞密实有光泽、无腥臭味。
添加剂或残留物的使用目的	使用抗生素防止疾病，使用激素促进生长与性成熟。
容易残留的有害物质	抗生素、激素、重金属、戴奥辛、农药。

〈 不正确食用的危害 〉

1. 鱼类残留抗生素，长期食用下，人体会产生抗药性、药物副作用。

2. 鱼类残留激素，长期食用会造成内分泌失调，尤其对青少年和孕妇影响最大。

3. 长期食用含有重金属的食物，会损害身体机能导致各种病变，例如铅会影响新陈代谢、造成中枢神经异常及造血功能受损等病症；镉是致癌物质；汞则会造成畸胎或是流产，使手足麻痹、记忆力减退、听力及言语能力受损；砷会造成乌脚病、神经病变与肾脏疾病等。

4. 长期吃到含有戴奥辛的食物可能造成畸胎、孕妇早产或有致癌风险。

5. 长期吃下农药污染的鱼类，会对肝、肾造成负担，并导致累积中毒的现象。

〈 正确选购方法 〉

1. 选购新鲜鱼类，鱼眼应透明，鱼肉按压有弹性，肉色自然不过于鲜丽或白皙，略带腥味为正常，但没有过重的腥臭味。

2. 选择有信誉的商家或有生产履历认证、检验合格报告的养殖鱼类，品质较有保障。

3. 选择有专业冷藏设备的地方购买，避免生鲜鱼肉受温度变化影响而导致变质。

4. 购买包装鱼类或鱼片，包装需完整、确实密封、标示清楚，有 QS 认证者为佳，冷藏肉品宜留意肉身弹性和肉色正常，冷冻肉品应坚硬、无结霜发白现象。

〈 正确保存方法 〉

1. 生鲜鱼类洗净处理好后，擦干多余水分，以密封袋或保鲜膜密封保存于冷冻库中，约可保存 1 个月，但要注意风味是否会流失。

2. 冷冻鱼类未马上食用，不宜拆封、解冻，买回后立即放入冷冻库保存。

〈 避免有害物质滋生的方法 〉

刮鳞、去内脏及鳃再冲洗→汆烫法

1. 买回的鲜鱼要进行刮鳞（有些鱼类不需去鳞，如秋刀鱼）、剖腹去内脏、去鳃等步骤，也可以请鱼贩代为处理。很多人爱吃鱼头，但鱼头容易残留有害环境污染物质，建议少食用，安心起见可以切除鱼头再进行烹调。

2. 在流动的水下，彻底冲洗鱼身及鱼肚，再进行汆烫或之后的烹调。鱼尽量避免长时间泡水，否则会失去风味。可将盐撒在鱼身，或以柠檬皮搓洗表面，不仅能去除鱼腥味外，油煎时还可降低油溅的几率。

3. 见前文"去除添加剂的食品处理法"汆烫法。以热水汆烫溶出剩下的残留有害物质，再烹调。

蛤蜊

　　蛤蜊是沿岸常见的养殖贝类，由于沿海海域多被工厂排放废水所污染，因此养殖的蛤蜊，常有重金属残留的问题，如曾被检验出含砷跟铅。此外，蛤蜊的饲料中，会添加抗生素，防止蛤蜊感染疾病死亡，若是用量不当容易造成抗生素残留。有些不良商家为了使蛤蜊卖相好看，而使用盐酸和过氧化氢漂白蛤蜊外壳，让外壳看起来比较金黄亮丽，却危害食用安全。

　　▶为预防蛤蜊生病而添加抗生素药物，造成残留。
　　▶养殖环境受到工厂废水污染，造成重金属残留。
　　▶为使外壳金黄好看，使用盐酸和过氧化氢漂白。

〈 基本档案 〉

别名	文蛤、蚶仔、文蚶、粉蛲、蛲仔。
常见种类	普通文蛤、中华文蛤（大文蛤）等。
主要产季	一年四季。
生产方式	海水养殖为主。
天然状态	外壳呈淡黄到深褐色，富有光泽，贝肉饱满。
添加剂或残留物的使用目的	使用抗生素以避免蛤蜊感染疾病；使用盐酸和过氧化氢以漂白外壳，使卖相好看。
容易残留的有害物质	重金属、抗生素、漂白剂（盐酸、过氧化氢）。

〈 不正确食用的危害 〉

　　1.长期食用含有重金属的食物，会损害身体机能导致各种病变，例如铅会影响新陈代谢、造成中枢神经异常及造血功能受损等病症；砷会造成乌脚病、神经病变与肾脏疾病等。

2. 长期食用残留抗生素的蛤蜊，会使人体产生抗药性、出现药物副作用。

3. 过氧化氢俗称双氧水,具有杀菌及漂白作用,属于食品添加剂中的杀菌剂,依法规定不得残留,若吃下高剂量过氧化氢残留的食物,可能会产生恶心、呕吐、腹泻等急性胃肠炎的症状。

4. 盐酸具强烈腐蚀性,误食会引起消化道灼伤和溃疡,严重者导致胃穿孔、腹膜炎等。

〈 正确选购方法 〉

1. 如果经常搅动的,就找闭嘴的,如果是在静水里养着,就找张嘴的,碰一下会自己合上的,表示还活着。

2. 可以拿两个蛤蜊相互敲击外壳,可以听声音分辨出哪些是有肉的,哪些是有沙子的。还有洗蛤蜊的时候最好有两个盆,洗一遍换个盆子,每次洗都能洗出沙子来,不换盆洗不干净。

3. 还可以将买回的蛤蜊在用清水浸泡的同时,放入一个铁质东西在里面,比如铁刀、铁钉等,当然这些铁质东西必须生了铁锈,因为氧化铁有一种怪味,会刺激蛤蜊吐出沙子。

〈 正确保存方法 〉

1. 买回的蛤蜊要先经过吐沙才可存放,将吐沙后的蛤蜊置于干净的盐水中,再置于冰箱冷藏,要经常更换盐水,且温度不要太低,大约可保存 3 天。

2. 若不能尽快食用完,将吐完沙的蛤蜊洗净后,擦干外壳,以保鲜袋密封,再放入冰箱冷冻。

〈 避免有害物质滋生的方法 〉

清洗后吐沙

1. 买回的蛤蜊置于盆中,在流动的清水下搓洗,去除外壳残留有害物质。

2. 准备一锅比室温低一点的水（加一点冰块可降温）,水量淹没过蛤蜊即可,加入少许盐,将蛤蜊静置其中至少 3 ~ 4 小时到一晚,以充分吐沙,去除杂质与泥臭味。盐加太多容易使蛤蜊死亡,所用的量约一杯水加一小匙盐,且置于室温阴暗处比放在冰箱内吐沙的效果好。

虾

虾类包括草虾、白虾等，是我国养殖业中重要的水产品之一，但养殖虾常常受到病毒感染而死亡。为避免虾类感染疾病，会使用抗生素、抗菌剂而造成药剂残留；为延长保存期，会将虾子或虾仁泡甲醛后再出售；为避免捕捞的虾变色，会使用硼砂避免虾的外观变黑，或使用亚硫酸盐进行漂白，导致各种有害物质残留在虾上。

〈 基本档案 〉

常见种类	草虾、明虾、白虾、沙虾、甜虾。
主要产季	依品种不同，一年四季皆有，但以夏季为多。
生产方式	以海水或淡水养殖。
天然状态	虾头牢固、虾体弯曲并呈现浅墨绿或灰绿色（龙虾及甜虾的颜色则偏红），全身带有透明感。
添加剂或残留物的使用目的	使用抗生素及抗菌剂，避免虾类感染疾病；使用硼砂以防止采收的虾类变黑；添加亚硫酸盐以漂白虾肉；浸泡甲醛以延长保存期。
容易残留的有害物质	抗生素及抗菌剂、硼砂、甲醛、二氧化硫、环境污染导致重金属、戴奥辛残留。

〈 不正确食用的危害 〉

1.长期食用残留抗生素及抗菌剂的食物,会使人体产生抗药性、出现药物副作用。

2. 硼砂经过胃酸的作用后会转变为硼酸而堆积在人体内，引起食欲减退、消化不良,而使体重减轻;大量食入会有中毒症状,称为硼酸症,包括呕吐、腹泻、红斑、循环系统障碍、休克、昏迷等危险。

3. 甲醛俗称福尔马林，为工业用防腐剂，不慎吃下可能伤害咽喉及肠胃，导致反胃、呕吐，严重者可能休克、致癌。

4. 亚硫酸盐为合法漂白剂，加工过程中会产生二氧化硫，食入过量的二氧化硫，可能会造成呼吸困难、呕吐、腹泻等症状，特别是气喘患者容易对二氧化硫过敏，而诱发气喘。

5. 吃下受环境中重金属、戴奥辛污染的虾，长期食用会导致累积中毒的现象，形成各种病变，甚至有致癌风险。

〈 正确选购方法 〉

1. 看外形。新鲜的虾头尾与身体紧密相连，虾身有一定的弯曲度。

2. 察色泽。新鲜虾皮壳发亮，河虾呈青绿色，海虾呈青白色（雌虾）或蛋黄色（雄虾）。不新鲜的虾，皮壳发暗，虾略成红色或灰紫色。

3. 观肉质新鲜的虾肉质坚实细嫩，有弹性。

4. 闻气味。新鲜虾气味正常，无异味。

5. 冰虾仁比鲜虾更容易保存，冻虾仁应挑选表面略带青灰色，手感饱满并富有弹性的；那些看上去个大、色红的最好别挑。

〈 正确保存方法 〉

1. 买回的生鲜活虾，洗净后分装至保鲜袋，然后放入冰箱冷冻，并在 1 ~ 2 日食用完毕。

2. 冷冻虾类未马上食用，不宜拆封、解冻，买回后立即放入冷冻库保存。

〈 避免有害物质滋生的方法 〉

1. 买来的鲜虾或虾仁先浸泡住干净的水中 20 分钟以溶出甲醛，再以流动清水冲洗虾子。由于虾头残留添加剂较多，处理时可先虾头剥去，但虾肉烹煮时会萎缩，因此常见不去虾头以便烹煮后维持原状，但应避免食用虾头。

2. 稍微拉开虾头与虾身联结处，插入牙签，往上挑出肠泥，因为肠泥是虾尚未排泄完的废物，且可能有重金属残留。清除肠泥后，再清洗一遍，然后烹调。若肠泥不易挑起，可以用刀剖开虾背取出。

螃蟹

螃蟹是高单价的水产品也是美食家心目中的珍馐，例如大闸蟹等，除了野生捕捞外，还有人工养殖的方式。通常养殖业者为了避免养殖蟹感染疾病，会添加抗菌剂及抗生素，可能导致药剂残留。此外，为加速养殖蟹生长，而添加生长激素促使螃蟹脱壳长大，或是注射女性激素使蟹黄饱满。

▶ 为了减少疾病感染，而添加抗菌剂、抗生素。

▶ 为了加速生长，使用激素促进脱壳。

▶ 为使蟹黄饱满，注射女性激素。

▶ 养殖环境受到污染，造成重金属、戴奥辛残留。

〈 基本档案 〉

常见种类	青蟹、大闸蟹、花蟹等。
主要产季	依品种不同，一年四季皆有，但以秋季为多。
生产方式	依栖息习性不同，分海蟹、河蟹、湖蟹，可人工养殖或野生捕获。
天然状态	蟹眼突出有神，体型饱满、甲壳光滑、口吐水泡不断。
添加剂或残留物的使用目的	使用抗菌剂和抗生素以避免疾病感染；使用激素以刺激螃蟹脱壳加速生长，或使卵黄饱满。
容易残留的有害物质	抗生素、抗菌剂、激素、环境污染导致重金属、戴奥辛残留。

〈 不正确食用的危害 〉

1.养殖蟹添加抗生素，长期食用易降低人体对病菌的抵抗能力，或产生药物副作用。

2. 吃下含有违法抗菌剂（如氯霉素、土霉素）的养殖蟹，会导致中毒现象，严重者会造成器官衰竭，甚至有致癌风险。

3. 添加激素的养殖蟹，长期食用会造成内分泌失调，尤其对青少年和孕妇影响最大。

4. 长期食用被环境中重金属、戴奥辛污染的螃蟹，会导致累积中毒的现象，形成各种病变，甚至有致癌风险。

〈 正确选购方法 〉

1. 首先确保螃蟹是活的而且活得很好，方法很简单，如果没有绑住，把螃蟹翻过来，看能否张牙舞爪的翻回去，绑住脚的可以拉动一下脚，看是否有力的缩回。

2. 用手捏一下螃蟹的小爪，看是不是够硬，小爪的中段部分硬的是好的，如果发软就不要选。

3. 挑选螃蟹自然要学会鉴别公母，母的是上好的选择，腹部肚脐是圆的螃蟹为母的，肚脐部分呈三角形尖尖的这种是公的。

4. 再就是观察螃蟹腹部的颜色了，好的螃蟹腹部颜色应该是很正的瓷白。

〈 正确保存方法 〉

1. 生鲜活蟹若没有立即食用，应洗净处理完后，以热水煮过，再分切数块，待冷却后以保鲜袋密封，置于冷冻库贮存。

2. 冷冻蟹未马上食用，不宜拆封、解冻，买回后立即放入冷冻库保存。

〈 避免有害物质滋生的方法 〉

清洗去内脏→汆烫法

1. 在流动的清水下，以刷子或旧牙刷清洗螃蟹外壳。新鲜活蟹买回家后可先置入冰箱冷藏或浸入放入冰块的清水中，使其进入休眠状态，便于之后处理，以免被蟹螯夹伤。

2. 以手或剪刀掀开腹部的蟹盖，挖除鳃及内脏，并去除眼睛、口部后，再以刷子在清水下清洗蟹壳。剥开腹部下方的三角软甲，即可拆下蟹盖。

3. 将洗干净的螃蟹，放入热水汆烫，以溶出有害物质，再做之后的烹调使用。

头足类水产

头足类水产包括章鱼、鱿鱼、墨玉等，这些生物生长在海洋，多半是以捕捞的方式取得，因此若海洋遭受污染，这些头足类水产会受到波及，且经由食物链作用使毒素残留更为严重。因为海洋污染会造成小型节肢动物体内残留重金属或环境毒素如戴奥辛、多氯联苯等，以此为主食的头足类水产在吃下受污染的小型节肢动物后，使毒素累积在水产动物体内。另外，有些不良业者会浸泡甲醛，以延长保存期，或浸泡小苏打水（碱水），使水产品体积胀大，欺瞒消费者。

〈 基本档案 〉

常见种类	章鱼、墨鱼、鱿鱼。
主要产季	章鱼、墨鱼盛产于春季，鱿鱼盛产于夏季。
生产方式	生长于海水中，由渔民捕捞。
天然状态	眼睛清澈、身体柔软有弹性、头足紧连，表皮及触腕带有黏液，外皮完整具光泽。
添加剂或残留物的使用目的	浸泡小苏打水使水产品体积膨发变大，虽然无毒，但欺骗消费者。为延长保存期而浸泡甲醛。
容易残留的有害物质	重金属、戴奥辛、多氯联苯、甲醛（福尔马林）。

〈 不正确食用的危害 〉

1.吃到含有戴奥辛的水产品可能造成畸胎、孕妇早产或致肿瘤；含有多氯联苯的食物会有致癌、生殖毒性、神经毒性、干扰内分泌系统等伤害。

2.吃下受重金属污染的水产品，会导致累积中毒的现象，重金属危害包括：

铅会造成贫血、肾病变、中枢神经异常;汞则会造成畸胎或是流产、神经受损等。

3. 甲醛俗称福尔马林，为工业用防腐剂，不慎吃下可能伤害咽喉及肠胃，导致反胃、呕吐，严重者可能休克。

〈 正确选购方法 〉

1. 首重外观，眼睛浑浊度是判断是否新鲜的重要指标，以透明水亮为佳。表皮有光泽、肉色接近透明、外层膜完整、头与足部紧密连接、肉身紧实有弹性者为佳。活体则触腕吸盘有吸力者为佳。

2. 闻气味，无腥臭味及异味者为佳。

3. 选择有信誉的商店购买，若在市场购买最好选择有良好冷藏设备或以冰块保存的摊位。

4. 冷冻产品应注意产地、日期标示，且用手按压仍保持坚硬，若有部分变软，则有可能已解冻，较不新鲜，最好选择有 QS 认证者为佳。

〈 正确保存方法 〉

1. 冷冻水产品购买后，应放置于保冷袋或加上冰块运输，避免回温加速变质。

2. 头足类水产在清洗处理后，装于塑料袋或密封袋内，置放于冰箱冷冻可保存 2 ~ 3 周，1 ~ 2 日内食用则冷藏存放。

〈 避免有害物质滋生的方法 〉

清洗后去皮及内脏→汆烫法

以章鱼为例

1. 在流动的清水下冲洗章鱼。

2. 洗净后，手指插入章鱼身体，另一手把触腕往下拉，使头部与身体分离，再掏出腹部透明内壳与内脏。也可用刀剖开腹部，便于剥下头部并去除内脏。

3. 再剥去表面皮膜，或背部轻划一刀便于剥开皮膜与尾鳍。可以柠檬皮、盐抓洗表面，去除黏液及腥味。

4. 在流动清水下清洗，再以汆烫法去除剩余的有害物质。拔下的头部可在水中以刀轻划眼睛，以清洗里面脏污，并避免脏水喷出。另外烹煮食物达 75℃以上，有助于消除甲醛。

🥬 海带

海带是一种食用海藻类，也是海产品之一，可在海边大面积人工养殖。由于某些区域海水污染严重，使得海带可能含有过量重金属，加上有些不良商家为了增加海带的青绿色泽或改变原本较不吸引人的深褐色，会浸泡工业用颜料（如硫酸铜）或人工色素染色，长期食用会危害健康。

▶ 生长的海水区域遭受污染，造成重金属残留。

▶ 为增加翠绿色泽，浸泡工业用颜料，造成硫酸铜残留。

▶ 违规使用人工色素染绿，以增加卖相。

〈 基本档案 〉

别名	江白菜、昆布、海菜。
常见种类	沿海养殖海带。
主要产季	6月中旬～9月上旬。
生产方式	野生采摘或人工养殖，但以养殖的品质较稳定。
天然状态	新鲜海带呈墨绿色或深褐色，表面有光泽、叶宽且厚实。
添加剂或残留物的使用目的	使用工业用颜料（硫酸铜）以增加翠绿色泽。
容易残留的有害物质	环境污染导致重金属残留、工业用颜料（硫酸铜）、人工色素。

〈 不正确食用的危害 〉

1. 长期食用含有重金属的食物，会损害身体机能，导致各种病变，例如铅会影响新陈代谢、造成中枢神经异常及造血功能受损等病症；镉是致癌物质；汞则会造成畸胎或是流产，使手足麻痹、记忆力减退、听力及言语能力受损；砷会造成乌脚病、神经病变与肾脏疾病等。

2. 长期食用含有工业颜料残留的海带，会引起头痛、呕吐、腹痛、痉挛等症状，严重者会蓄积于体内，造成肝脏、肾脏病变，甚至增加致癌危险。

3. 食用过量的人工色素，可能产生过敏，并造成肝、肾负担，人工色素还有致癌风险。

〈 正确选购方法 〉

1. 看颜色。通常总认为颜色越翠绿的海带越好，其实并不是，这样的海带是坏的，是已经加入了某些东西，人吃了对身体不好。正常的海带应该是黄褐色的。

2. 用手摸。加入化学品的海带很容易糟、当用两手撕时，很容易就撕破了，好的海带是不容易糟、更不容易撕破的。

3. 闻鲜味。加入化学品的海带一般海带的海鲜味很淡，好的海带海鲜味是很浓的。

〈 正确保存方法 〉

购买新鲜海带后，若要分批食用，可装于保鲜盒或塑料袋，再置于冰箱冷藏，冷藏约可保存 7 天，冷冻约可保存数月。干燥海带置放于干燥荫凉处可存放 6 个月。海带应避免反复解冻，容易软烂而无法食用。

〈 避免有害物质滋生的方法 〉

1. 见前文"去除添加剂的食品处理法"冲水浸泡法→见前文"去除添加剂的食品处理法"汆烫法。

2. 长时间浸泡去除重金属残留。某些地区海水污染严重，为避免海带残留过量重金属，可以清水浸泡 2～3 小时，浸泡期间需更换 1～2 次清水，浸泡后倒掉污水再做烹调。海带不宜浸泡超过 6 小时，否则会使海带所含的水溶性营养素流失。

〈养儿必读〉

儿童食品安全全书：
生鲜食品篇